同样适用于IPAD、IPHONE和IPOD TOUCH

别说你懂iPad2

重庆出版集团 重庆出版社

图书在版编目(CIP)数据

别说你懂iPad2 /王毅 著. —重庆:重庆出版社,2011.6
ISBN 978-7-229-04215-8

Ⅰ.①别… Ⅱ.①王… Ⅲ.①便携式计算机—基本知识
Ⅳ.①TP368.32

中国版本图书馆CIP数据核字(2011)第114030号

别说你懂iPad2

DON'T SAY YOU UNDERSTAND IPAD2

王毅 著

出 版 人:罗小卫
责任编辑:陈渝生
责任校对:姜 玥
封面设计:重庆出版集团意识设计有限公司·蒋忠智

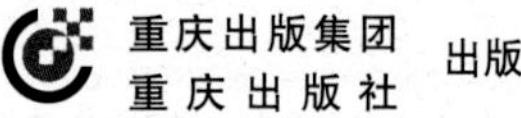

出版

重庆长江二路205号 邮政编码:400016 http://www.cqph.com
重庆出版集团艺术设计有限公司制版
重庆华林天美印务有限公司印制
重庆出版集团图书发行有限公司发行
E-MAIL:fxchu@cqph.com 邮购电话:023-68809452
全国新华书店经销

开本:889mm×1 194mm 1/32 印张:7.75 字数:200千
2011年6月第1版 2011年6月第1次印刷
ISBN 978-7-229-04215-8
定价:32.00元

如有印装质量问题,请向本集团图书发行有限公司调换:023-68706683

版权所有 侵权必究

序　言

应该有iPad2和这样一本关于iPad2的书

从来没有一款产品让全世界的人彻夜守候，从来没有一款产品让人如此痴迷，从来没有一款产品这样老少咸宜，从来没有一款产品获得如此多的好评，至少，在IT界如此。iPad代表着一个新的时代，这点无人置疑。

记得3月3日凌晨，从办公室回到家中已经是两点多了，习惯性地拿出手机在睡觉前最后上一次微博。虽然知道这正是iPad2发布会的时间，但还是被铺天盖地的消息震惊了——几乎所有的微博这个时候都在谈论旧金山芳草地艺术中心现场发生的一切。整个世界都在为一个公司、一款产品、一个人痴迷。

我们为当天报道起的标题叫做《iPad2能否再次改变世界？》，不可否认的是，第一代iPad刚刚发布的时候，业内业外仍然有相当多的人并不看好，并就它的未来产生了激烈的争论。但一年过后，几乎所有的厂商、媒体和用户都在谈论平板，他们心甘情愿地成为产品的宣讲和传播者。乔布斯，也从当年一个毁誉参半的公司管理者化身为时代偶像。

iPad给PC、游戏、出版行业都带来了革命性的变化，而iPad2刚一问世，同样面临着争议。一些业内人士认为没有太大的惊喜，只是简单地在硬件和软件上进行了一些升级，比较激烈的看法认为它只是一个过渡产品，真正的变革会在次年的iPad3上才能体现出来。但我们不要忘了，当年同样有人把iPad称为“大号的iPod Touch”，但仅仅是屏幕尺寸的改变，就使整个行业发生了剧变。而相对于一代，双核处理器、提升了数倍的图形处理能力，新加入的视频功能、更轻薄的外观，一定会对平板电脑行业带来不小的震动，一定会有更多更创新的App应用在它的基础上诞生，从而改变我们的生活和工作习惯。

iPad2在国内发售的火爆也在某种程度上印证了我们的预测，它的市场占有率更是超过期待，越来越多的人用iPad2来上网、看电影、听音乐、玩游戏、阅读书籍和报刊，以及从事相当多的办公应用。移动互联时代正在向我们走来，面对这个时代，我们每个人都必须有充分的准备。对平板电脑、智能手机等移动客户端的熟练使用，是其中最基本的要求。

iPad是一个新产品，好产品，但再好的产品，没有丰富的应用程序也显得无趣。iPad的强大不仅是产品本身，更在于它拥有一个庞大的*App Store*(软件应用商店)。截止目前，*App Store*中已有超过35万种应用程序，这些应用涵盖了我们工作、生活、学习、娱乐中的方方面面，它丰富的功能和应用还远未被大量的用户所熟悉，因此一本介绍iPad应用的手册就显得相当有必要。我在看过本书的初稿之后，感觉作者花了相当多的时间来思考、研究和挑选，本书中介绍的软件应用，都与我们的生活密切相关，有很多都相当符合中国人的应用习惯，对大家用好iPad有很大的帮助。比如，我在本书中看到了《古典吉他》这款软件，下载应用后，勾起了当年学习吉他的痛苦而又浪漫的回忆；再比如，作者介绍的《酒桌大冒险》我也下载了，我想有天能用上。

我和本书作者王毅相交多年，十年前，当他还是一名大学生的时候，就开始给《电脑报》等报刊撰稿，积累起了丰富的创作经验和IT知识。在去年的《电脑报》作者大会上，他获得了年度优秀作者一等奖。很多读者记忆犹新的文章都是出自他手。在iPad2国内发售不久之后，他能适时推出这么一本关于iPad2有趣又有用的书，相信对于很多玩家和用户来说，都会受益匪浅。

移动互联正在越来越多地改变我们的生活，改变我们过去的种种习惯。就像我在前面所说，iPad同样使整个图书出版行业发生了革命性的变化，数字出版将使用户的阅读体验更新鲜、更及时、更互动。在拿到这本书的书稿以后，我也向作者提出了一个建议：希望在出版下一本关于iPad的出版物的时候，我们不仅仅能看到纸质的图书，也能看到和本书内容更契合的一个App应用。

我希望，这本书只是一个辉煌的开始。

张晓明

《电脑报》副总编

2011年5月，重庆

前　言

苹果iPad上市第一年的销量就突破了1 500万台，并且牢牢占据了平板电脑领域九成以上的市场份额，这款定位介于笔记本电脑与智能手机之间的设备在过去一年多时间里风靡全球，享尽鲜花与掌声，同时还被不少业内人士誉为本世纪最具革命性的IT产品。iPad的成功大大超出了其他IT厂商的预期，众厂商对iPad的态度也经历了诸多变化，最开始是不屑，继而转变成为观望、惊讶乃至羡慕和嫉妒，于是奋起直追，并悉数iPad的种种不足，比如无摄像头、接口太少、性能平平等等，一时间“iPad挑战者”、“iPad杀手”等说法此起彼伏，似乎马上就会有新生力量将iPad和苹果公司拉下神坛。然而真正的对手尚未现身，苹果公司却抢先推出了第二代iPad，外形更靓了，速度更快了，功能更丰富了，价格却与第一代产品的上市价持平。2011年尚未过半，但可以肯定的是，今年iPad2将帮助苹果公司再一次在平板电脑领域傲视群雄。

iPad与iPad2之所以能够打遍天下无敌手，不仅仅是因为外观、速度和功能这些硬件指标，而且这些单项、具体的硬件指标也很容易被竞争对手模仿和超越。iPad和iPad2的核心竞争力在于软件，苹果公司通过*iTunes*和*App Store*建立了一个强大的生态系统，通过*App Store*，你可以下载数十万个iPad专属的应用程序，而这些软件只能在iPad或iPhone上运行。如果换成其他公司的硬件，虽然也能通过网络下载应用程序，但是在数量与质量上都与苹果阵营相差了好几个级别。这就是苹果封闭系统的力量！虽然20

世纪的苹果公司曾经败于封闭，险些破产，但在今天看来，破茧而出的苹果在经历了阵痛以后，变成了最美丽的蝴蝶。

要想玩转iPad2，最重要的当然是玩转iPad2上的应用软件了，iPad2怎么玩才精彩，怎么玩才好看，全在于应用软件。客观地说，iPad2只是一个躯壳，应用软件才是它的灵魂。因此，本书不打算对iPad2的具体操作（比如触控手势、复制粘贴、浏览照片等等）做太多的介绍，因为相信这些基本技巧对你来说早已是易如反掌，而且你也可以通过到苹果网站下载iPad2操作说明书获取这些信息。与其他同类书籍不同的是，本书着重介绍了200余款*App Store*里的精品应用软件，包含了娱乐、工具、办公、游戏等多个领域，每一个软件都经过了精心测试与挑选，是相关领域最优秀、最具代表性的作品。当*App Store*里数不清的应用软件让你感觉到“乱花渐欲迷人眼”时，本书将带给你一双火眼金睛，帮助你在茫茫软海中寻找到自己最喜欢、最需要的应用软件，使你的iPad2可以发挥最大的效用。

作为本书的读者，你是我们最重要的批评者和评论者，如果你对本书有什么意见或建议，请与我们联络，你的反馈将是我们最大的动力。

王毅

2011年5月

CONTENTS目录

CONTENTS 目录

CONTENTS目录

用过第一代iPad的朋友
都对它赞不绝口
iPad1已经足够好了
iPad2又能给我们带来什么样的惊喜呢
怀着好奇心和无比的期待
让我们一起打开iPad2的盒子

第1章 打开iPad2的盒子

iPad2不止是升级版

既然是第二代产品，那很明显就是第一代的升级版了。不错！iPad2确实是第一代iPad（注：第1-3章称为iPad1，其余章节将iPad2和iPad1统称为iPad）的升级版，处理器从单核的苹果A4处理器升级到了双核的A5处理器，工作性能提升了近一倍，内存也从256 MB增加到了512 MB，更令人激动的是，iPad2整合了强大的图形处理器——PowerVR SGX 543MP2 GPU，这使得iPad2的图形性能比iPad1提高了9倍！仅仅是相差一代的产品，提升幅度就如此之大，着实令人惊叹。要知道，同时期平板电脑领域最火的非苹果的产品中，核心部件是NVIDIA公司推出的Tegra 2处理器，图形性能方面一直备受期待。然而事实是iPad2的图形性能远胜Tegra 2，所有的“iPad挑战者”与“iPad杀手”瞬间哑火，几乎再也听不到它们的声音。iPad2使得苹果公司在平板电脑市场再次称雄，至少在整个2011年内都找不到合格的对手。

如果只从上述3个指标看，iPad2已经是货真价实的升级版产品了，卖得比iPad1贵一些也是顺理成章的事。不过，正所谓“好戏在后头”，iPad2带给我们的惊喜绝不止上述3条，它身上还汇聚了苹果公司带给大家的更多的礼物。

首先从外形说起吧，轻薄、精致、漂亮的iPad1早已在用户心目中奠定了最优秀的平板电脑的形象，而iPad2将这个记录再次刷新！大家一定觉得iPad1已经够薄了，但苹果公司和乔布斯却认为远远不够。iPad1的厚度是13.4毫米，iPad2的厚度只有8.8毫米，薄了整整三分之一，甚至比iPhone4手机还要薄！变薄了以后，外形也更好看了，iPad1的流线型后盖虽然样式不错，但毕竟是“鼓了一个包”，iPad2则直接变形成为

三轴陀螺仪

了纯粹的“薄板电脑”，握在手里也更舒适更稳定。

再来说说重量，Wi-Fi版iPad2的重量只有600克，比iPad1轻了80克，可不要小看了这80克，根据我本人的经验和很多使用者的反馈，减轻的这80克似乎使得iPad2的重量突破了人体的某个极限点，如果过去你拿着iPad1躺在床上看电影，时间长了会感到累，只要你换成iPad2，你会很惊奇地发现感觉累的时间往后延了很多，甚至可能看完整部电影都不会手酸。如果是3G版的iPad2，其3G组件也比iPad1轻了不少，3G版iPad1比Wi-Fi版重了50克，而iPad2呢？只重了13克！

讲到这里，你是不是感到iPad2实在是太棒了，不过故事还没有结束，惊喜还在继续！iPad2引入了一个新功能——三轴陀螺仪，这是iPhone4已经具备，但iPad1不具备的高科技产物！如果你玩过iPad1，你会知道iPad1的重力感应功能在游戏中非常给力，而且也能让屏幕自动转向以适应视线，不过iPad1对于水平方向的移动就不能做出任何反应了。三

iPad2初始界面

轴陀螺仪最大的优点就是水平方向的转动也能反馈到电脑与软件中，举个例子，你在游戏中扮演的是一个举着猎枪的猎人，想环视四周，过去你只能用手指去划动触摸屏实现转向，但iPad2的三轴陀螺仪让这一切都不同了，你只需要将iPad2举在视线的正前方，自己原地转个圈就可以了，是不是有身临其境的感觉？如果将来有一天你看到某个人在地铁里拿着iPad2乱晃，你不用担心他是精神病发作，他只是在用iPad2玩射击游戏。

咦！差点忘了介绍iPad2最重要的改变了，这可是大家千呼万唤始出来的啊！是什么变化能如此的众望所归呢？答案就是——摄像头！摄像头，到处都是，有什么了不起的？错了！iPad1就是因为没有摄像头而饱受诟病，毕竟用户喜欢的是功能更全的产品，甚至有很多阴谋论者认为，苹果公司不给iPad1安装摄像头，就是为了给iPad2铺路。iPad2在如此紧凑的条件下集成了前后两个摄像头，让你既可以拍照，又可以与朋友视频聊天，增加了很多乐趣。然而略感遗憾的是，摄像头的效果好像与大家预想的有些差距。

增加了前后摄像头

果粉们往往都喜欢标新立异，而iPad1千篇一律的黑色边框也让人略感厌倦了。还好，iPad2及时地借鉴了iPhone 4的经验，第一时间就推出了白色外壳版本，尽管没有任何一条金科玉律可以“科学地”证实白色比黑色更好看，但在这个个性张扬的年代，很显然白色外壳会成为果粉们购买iPad2的重要理由之一。事实也是如此，自打iPad2上市以后，白色版的销量要比黑色版大得多。

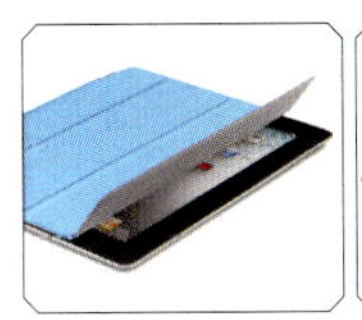
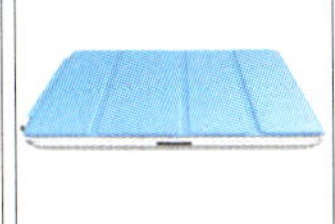

用过iPad2才知道

前面介绍了iPad2相比iPad1的变化，这些变化你通过看书、看新闻，脑海里也能够建立大致的框架了。我虽然是iPad1用户，但也在第一时间就入手了iPad2，亲自研究过iPad2以后，我才发现iPad2与iPad1的区别原来还不止这些。

新的区别主要体现在附加配件上，附加配件一直被公认为是苹果公司高利润产品的代名词，所以很多朋友对附加配件的态度都是敬而远之，但事实上某些附加配件是很必要的，缺少了它们，使用iPad2和iPad1的感受就会大打折扣。牛都买了，还舍不得绳子吗？虽然比喻有些夸张，但对于有用的附加配件，我认为还是可以关注一下的。

最普及的附加配件一定是保护套，之前我自认为很爱惜产品，买了iPad1以后，我开始一直是“裸奔”，没有贴膜，也没有买保护套。时间长了，我发现一个很严重的问题，iPad1有时候会让我很不舒服，因为总是平放在桌面上，看久了脖子会很累，尤其是看电影的时候。于是我终于下定决心买了一个iPad Case，我买Case的目的不是为了保护电脑，而是欣赏Case的结构设计——可以将iPad1立起来！

smart cover

正因有了这样的经验，我买iPad2时，也同时购买了Smart Cover，虽然我曾经看过Smart Cover的图片、视频广告，但Smart Cover的实物还是让我产生了惊艳的感觉，不仅色彩比Case漂亮很多，材质也不再像Case那样容易积灰和显旧。更重要的是，在实现其最重要的功能——将iPad2立起来时，尽管Smart Cover比Case更小巧更简单，但它可以将iPad2立得更稳。除此之外，Smart Cover的智能磁体不仅能完美贴合iPad2，更可以帮助iPad2待机和唤醒。200多元换这样一个产品有些“暴利”嫌疑，但这个设计优秀的产品带来的回报却是非常明显的！Smart Cover让我感受到，iPad2比起iPad1绝不仅仅是自身素质的升级。

HDMI输出线缆

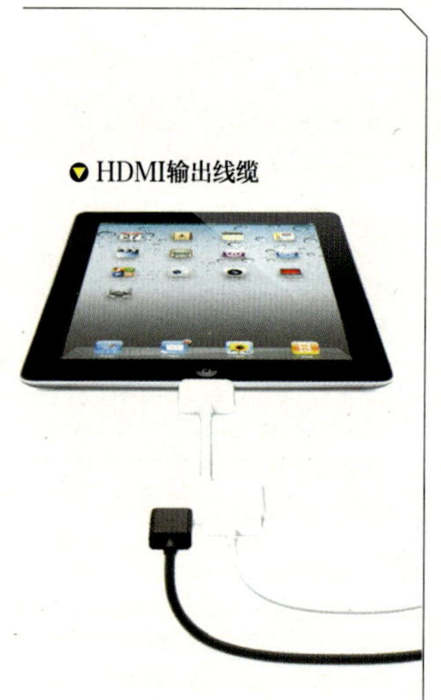

第二个让我心动的配件是Digital AV Adaptor，这个产品也升级到第二代了（相信除非有特别需要，购买过第一代产品的朋友寥寥无几，我当然也没有做小白鼠），与第一代产品相比，输出接口由VGA转变成了HDMI（其实早该这样了，就算是2010年，VGA也是一个过时的接口），输出分辨率由720P提升到了1080P，但这些硬指标都不是最关键的，Digital AV Adaptor不仅拥有视频镜像功能，更拥有双屏显示功能，可以让iPad2与大屏显示器播出不同的画面，这个功能在游戏《实况赛车2》里已经被开发出来，有很多人和我一样都是因为看到了双屏显示功能在赛车游戏中的魅力才购买这个配件的，而在未来，双屏显示的潜力还很多，毕竟多买一个大屏显示器不算贵，而且很多人家里原本就有，老婆看电视剧，自己玩游戏的感觉多自在啊！

新买的iPad2到手了

按下电源键

……

怎么没有反应呢

定格在一个叫iTunes的画面了

好像还提示说要和电脑连接

搞定iPad2没错

你首先需要搞懂iTunes

第2章 搞定iPad2不可不知的5招

搞懂*iTunes*是必须的

什么是*iTunes*

如果你要使用苹果公司的产品（iPad、iPhone和iPod等），那你就离不开*iTunes*。*iTunes*是苹果公司于2001年推出的用于播放以及管理数字音乐与视频档案的程序，最开始是为了给iPod提供音乐和视频资源，随着iPod Touch、iPhone、iPad的上市，*iTunes*又增加了对书籍、游戏和软件的管理。它既可以作为电脑上的播放软件，也可以通过使用USB数据线，与你的苹果产品连接，管理你的通讯录、影音资料、软件、游戏等等。

iTunes界面

与iPad1一样，如果你是第一次打开iPad2，那么你是无法直接使用它的，必须先将你的iPad2与安装了*iTunes*的电脑连接，激活并注册你的iPad2。上述工作完成以后方能正常使用，这也从侧面证明了iPad的诞生目的并非是传统电脑的替代品，而是一款开辟了新应用、新需求的新产品。在这之后，你想给你的iPad2添加歌曲、电影、照片，以及安

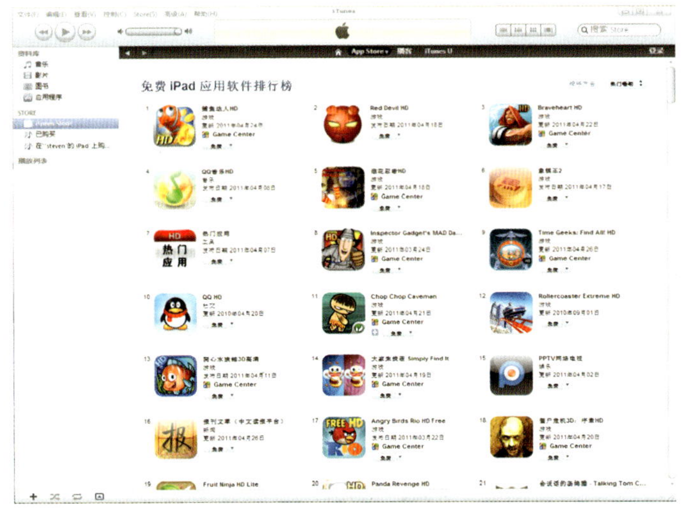

在*iTunes*里查看免费软件排行榜

装新的应用程序和游戏时，你都需要在电脑上启动*iTunes*，并将资料同步到你的iPad2上。你可以去苹果官方网站（也可去各大下载网站）下载*iTunes*程序包，安装到电脑上，在电脑上运行它，再把你的iPad2接上电脑，然后就可以用*iTunes*管理iPad2里的资料了。

*iTunes*不仅仅是一款应用软件，它更重要的身份是软件商店。联网以后，*iTunes Store*里有大量的多媒体资料与软件资料，有付费的也有免费的，你可以在这里找到你喜欢的音乐、电影、电视剧、电子书、应用程序和游戏等。对于iPad2用户来说，*iTunes Store*最重要的栏目是*App Store*，各种知名软件与游戏如*iWorks*系列与《植物大战僵尸》等等都可以在这里下载，当然前提是你需要一张可以美元付费的信用卡。

在*iTunes*里查看植物大战僵尸

注册Apple ID

在你进入*iTunes Store*寻宝之前，还必须先完成一项工作，那就是注册一个*iTunes*账号，也叫Apple ID，这个账号对你来说非常重要，你需要用它来购买、下载各种免费和付费的资源。除此之外，很多iPad2上提供的软件如*FaceTime*、*Game Center*等等都需要你拥有一个Apple ID才能正常使用。

注册账号的方法很简单，你点击*iTunes*主界面右上角的“登录”按钮，就会出现如下界面，这时你点击“创建新账户”，再一步一步往下走就可以了。

这里需要说明一点，在注册账号的过程中，会有一个环节要求你必须输入信用卡卡号与账单地址：

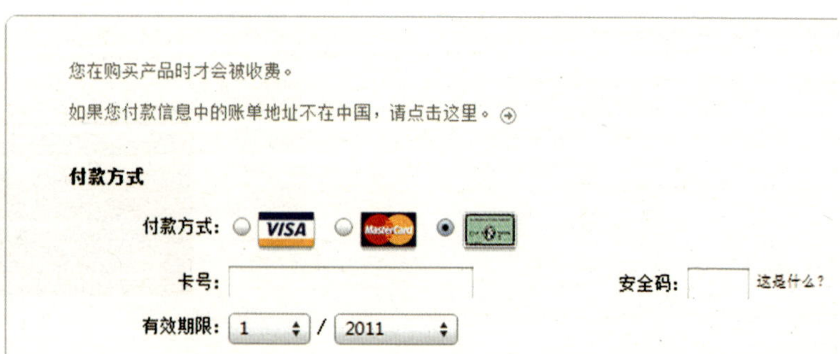

因为要正常使用iPad2一般都免不了买软件的开销，所以在这里输入你常用的双币信用卡也是无可厚非的，但如果你没有信用卡，或暂时不愿意提供信用卡信息，那也是有解决办法的。先放弃此次注册，到*App Store*里随便找一个免费的应用，点击“免费应用软件”框，这时*iTunes*会重新弹出“创建新账户”的对话框，你从这个对话框开始注册，到了填写信用卡时就会出现“无”的选项，如下图所示：

提供付款方式

如果您现在提供付款方式，则在您进行购买时才会收取费用。如果您未选择付款方式，则在您第一次购买时将要求您提供付款方式。

如果您付款信息中的账单地址不在中国，请点击这里。

付款方式： VISA MasterCard ◉ 无

完成注册以后，你就可以在电脑上登录你新注册的*iTunes*账号，并开始下载或购买各种你需要的应用软件了。

特别要注意的是，你很可能需要不止一个Apple ID，比如你常用的账号应该是中国区账号，但一些知名应用如*Google Earth*等在中国区不提供下载服务，你用中国区账号登录以后，不论怎么搜索也无法下载*Google Earth*。这个时候你就有必要再注册一个美国区的账号，办法也很简单，你在*iTunes*首页的右下角会看到一个小圆圈里是中国国旗的符号，你点击这个小圆圈，就会进入国家选择的界面，你在界面里找到“United States”再点击进入就可以了。接下来你的*iTunes*会变成英文界面，注册过程也是全英文提示，注册完成后你就拥有Apple ID美国区账号了。

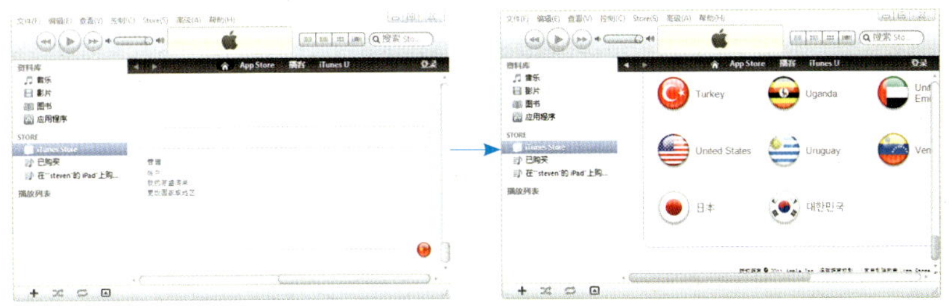

联机与同步

安装了*iTunes*，注册了账号以后，你一定会迫不及待地下载好几个免费与收费的应用软件，下一步你需要做的就是将下载到电脑上的软件同步到iPad2上去。

在同步之前，还需要先对*iTunes*设置一下，点击左上角的“编辑”进入“偏好设置”，你会进入到右边这个界面：

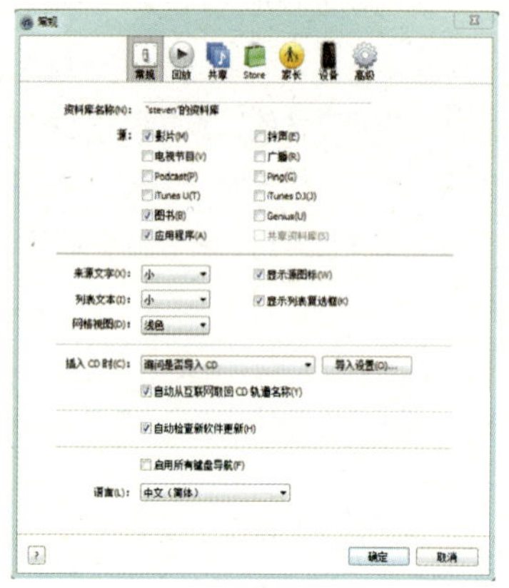

对于多数国内用户来说，我们只需要勾选“影片”、“图书”和“应用程序”3项就可以了，你会看到你的*iTunes*主界面左边的“资料库”里有了“音乐”、“影片”、“图书”、“应用程序”这4个栏目，其中“应用程序”点开就是你已经下载的软件，会自动归类到这里，如果你要将音乐文件、电子书文件（主要是EPUB格式的）和影片文件同步到iPad2里，只需将电脑上的对应文件拖入相关栏目的窗口即可。

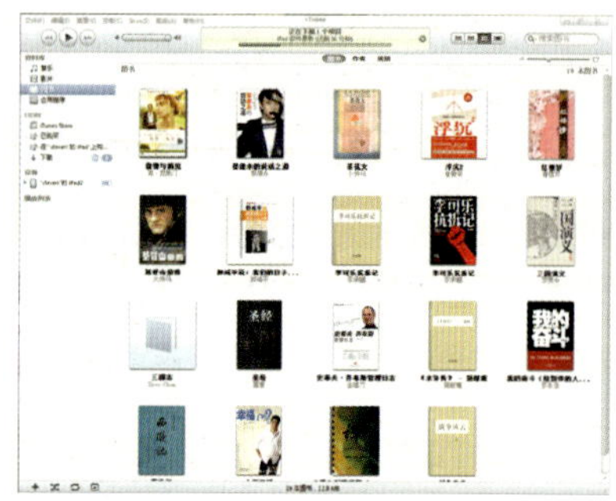

上述工作完成以后，你就可以用USB连接线联上你的iPad2与电脑，*iTunes*会自动识别你的iPad2并自动同步（如果不想自动同步也可以在“偏好设置”里的“设备”选项进行设置），同步完成以后，你的iPad2上就会拥有你下载好的电子书、软件和电影了。

账户的授权

苹果公司对知识产权的保护是很严格的，因此在iPad2上使用软件也要比普通电脑更“麻烦”一些，很多朋友在第一次联机同步以后会发现，自己明明下载了很多软件，怎么一个也没有安装到iPad2上呢？这是因为你还忽略了一个步骤，那就是用自己的Apple ID对自己的电脑进行授权。

举例说明，假如你的Apple ID是apple@apple.com，那么你不但需要在*iTunes*里登录账号，还得完成授权工作，在*iTunes*主界面左上角菜单的“Store”栏目中，你会看到“对这台电脑授权”这个选项，点击以后，程序会提示你输入你的Apple ID与密码进行授权，你按提示操作就可以了。授权成功以后，你用apple@apple.com账号购买和下载的软件才能同步到iPad2中。

如果有两个Apple ID怎么办呢？比如一个中国区账号和一个美国区账号，这没关系，一台电脑最多可以有5个账号进行授权，授权以后，每个账号下载的软件都能同步到与本台电脑联机的iPad2中。此外，每个Apple ID也能对5台电脑进行授权，授权以后，这5台电脑联机的iPad2都能使用这一账号购买和下载的软件。

说到这里，聪明的你看出什么头绪没有？没错！虽然要保护知识产权，但我们也有节约成本的办法，那就是——资源共享！既然一个账号可以对5台电脑进行授权，如果5个用户都使用同一个账号，那购买30美元的软件，每个人只需平摊6美元。另一种玩法是，由于每台电脑可以有5个账号进行授权，那么5个用户可以每人注册一个账号，每人的电脑都被这5个账号进行授权，这样每人购买30美元的软件，实际上每人都能使用价值150美元的软件……

虽然我尽可能地说得很明白，但你是不是早就感到头晕眼花了。是的，就算上述办法可行，实际操作起来的难度也很大，如何凑够“志同道合”的5个用户，5个用户又如何保持100%有效的沟通，沟通成本是否过于高昂……问题很多，很明显这样做是不现实的，多数情况下，果粉们还是各买各的软件，真正实现共享的比例很小很小。于是这就牵扯出了另一个非常纠结的问题，为了省钱，到底该不该给自己的iPad2越狱呢？

越狱不越狱，这是个问题

用过苹果产品的朋友或多或少都听说过“越狱”这个词，也许正在看书的你早已把自己的iPhone、iPod Touch和iPad都越狱了。这里我不打算对越狱的方法、技巧做详细的介绍，这样的文章在网上到处都是，我想谈谈的是越狱与不越狱的区别，以及本人对越狱的一些看法。

简单地说，越狱就是“破解”的意思，是对苹果封闭体系的一种挑战。目前苹果公司针对iPad用户的封闭主要体现在两个方面——用户必须通过*iTunes*下载正版软件；所有软件必须通过苹果认证才能挂到*iTunes Store*上去卖。这样做就会产生两个“负面”的结果，其一，如果用户不愿花钱，原则上就无法获得收费软件的使用权；其二，某些软件如输入法等等，由于没有通过苹果的认证，无法进入*iTunes*软件名单，用户想用也用不到。

正所谓“有压迫就有反抗”，于是越狱诞生了，有趣的是，越狱行为的源头不是中国，而是更加重视知识产权的美国。越狱成功以后，iPad就可以“肆意”安装破解后的收费软件，也可以安装苹果官方不允许的输入法等应用程序。从表面上看，越狱带来了免费的大餐，很多朋友也有“非越狱不苹果”的信念。但在我看来，这样的信念未必就是好的，我个人并不支持越狱这种行为。

首先，*iTunes*是苹果公司建立的生态系统，说得诚恳一点，我们既然在使用苹果的产品与服务，就应该尊重苹果公司的规则。正如我们在火锅店不会要求吃炸鸡，在麦当劳不会要求吃面条一样，虽然*iTunes*的封闭明显对苹果公司太有利了，不过自己主动破坏苹果公司的规则，从表面上看节省了买软件的费用，但也换来了设备损坏、失去质保的风险，更要或多或少地承担道德方面的自我谴责，究竟是利大还是弊大？

其次，不花钱下载付费软件真的就是好事吗？如果写软件赚不到钱，那谁还愿意费心写好软件？我和读这本书的诸位朋友都是苹果用户，我们可以思考一下为什么选择苹果，而不是其他平板电脑呢？仅仅是因为苹果的外观漂亮、性能出色吗？非也！选择苹果的最大理由，是因为*iTunes*里有丰富的软件可以用，非苹果的平板哪怕外观再漂亮、性能再出色，现阶段在软件方面是无法与苹果抗衡的。因为确信苹果的平板电脑能实现最多的功能，我们才会选择苹果，才能获得如此多的享受，如果没有苹果一手打造的*iTunes*生态圈，那么作为用户，绝对是最后的输家。

第三，相信购买苹果产品的你我，多数都在通过自己的劳动获取收入，从而拥有了购买iPad1或iPad2的资本。每个人是消费者的同时也是生产者，所以每个人都应该尊重别人的劳动，这样最终大家都会相互尊重对方的劳动成果，进入一个更加良性的社会经济环境……话说远了，不过我在这里还是建议你尽可能尊重苹果公司与开发商的劳动成果，要知道*iTunes*里免费的应用还是占据了多数，只要自己做好选择，购买需要的付费应用，不要“来者不拒”，那么经验告诉我这个费用其实不会超过一两百美元，这对果粉们来说应该不是沉重的负担吧。

最后，直到本书出版，iPad2的越狱还一直没有成功，主要原因是A5处理器的防越狱功能远超A4处理器，看来苹果公司也是下定决心要和越狱抗争到底了。既然如此，长远来看，曾经坚持越狱的你是否也可以慢慢转变自己的观念了呢？

iTunes不是一切

苹果公司要求大家必须使用*iTunes*同步音乐、视频、照片、图书和软件，但*iTunes*并非唯一的选择，过去很多人将iPhone等苹果产品越狱以后，都会用到一款叫“91手机助手”的软件来调配电脑与苹果产品之间的资源。很多使用过91手机助手的朋友应该都了解，在使用91手机助手前，必须在手机或iPad上安装守护程序，而守护程序必须运行在iOS设备越狱的环境下。所以，没有越狱，你就不能使用91手机助手，iPad2不能越狱，那iPad2就与91手机助手彻底无缘了吗？要知道91手机助手在界面亲和力、运行速度等诸多方面都比官方的*iTunes*软件更强，尤其是更加适合中国用户的使用习惯，如果iPad2因为不能越狱而无法使用91手机助手，这不能不说是个遗憾。

91助手界面

好在今天这个遗憾已经消除了，随着最新版本91手机助手的发布，即使你的iPad2或iPhone还没有越狱，一样可以使用，只需要在电脑上安装这一软件即可。当然，由于未越狱的iOS的封闭性，这个时候91手机助手只实现了部分功能，不过有限的功能也足够吸引我们增加这一应用渠道了。而且，万一将来你把你的iPad2越狱了也说不定呢！

iOS 4.3的两大法宝

iPad2出厂内置的操作系统是iOS 4.3，这与iPad1出厂内置的iOS 3.2有很大的区别，最显著的改变是增加了多任务处理、文件夹管理两大新功能。

多任务处理

多任务处理功能是从iOS 4.2版本开始引入的，如果你的iPad1升级到iOS 4.2或更新的操作系统，同样也能支持多任务功能。起初苹果公司不让iPad1拥有多任务功能主要是出于电池续航时间方面的考虑，因为后台运行过多的程序必然会浪费大量电力。新版iOS的多任务原理类似于应用程序的休眠模式，因此必须应用程序自身提供支持才行。目前多数应用程序经过2011年上半年的更新，基本都能支持后台休眠运行了，比如浏览器、听歌软件与很多游戏等等。

不过，也有一些非常需要后台运行的应用程序却许久没有更新，使其无法适应新版iOS的多任务环境，比如大家经常要用到的*QQ HD*。直至2011年4月末，iPad版*QQ HD*的最后更新时间居然还是2010年4月20日，作为拥有如此多用户且赚钱如流水的公司，在推出iOS版*QQ*时却如此的不积极，与PC版的频繁更新更形成了鲜明的对比，着实令人费解。

尽管新版iOS提供了对多任务的支持，但让大量的任务长期驻留后台也是不可取的，一方面或多或少还是会浪费电力，另一方面还会拖慢iPad2的运行速度，因此平时有空经常关闭不需要后台驻留的程序是很有必要的。具体办法是连按两下Home键，在屏幕下方会列出运行过且驻留后台的应用名单，如果要关闭某个应用，你可以用手按住该应用的图标不放，直至图标抖动，并在左上角出现删除标志，此时点击删除标志即可彻底关闭该项应用程序，放心，这样不会删除该软件的。

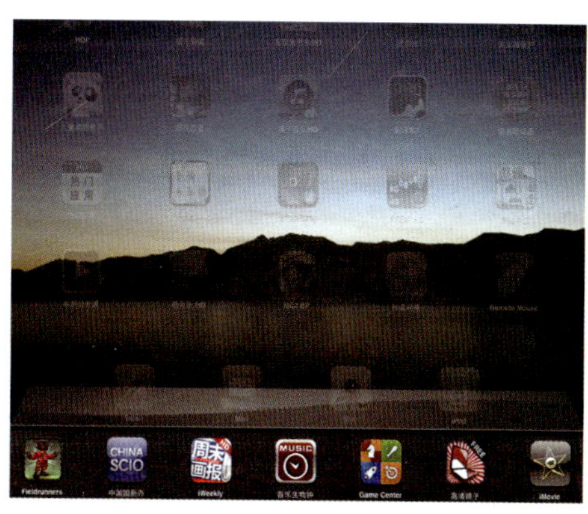

文件夹管理

iOS 4.2及更新版本的操作系统也自带了文件夹管理的功能，其实我个人认为在iPad2和iPad1身上，这项功能比多任务处理还更加有用。经常摆弄iPad的玩家很容易就下载了几百个应用程序和电子书，于是iPad的图标界面拓展到了第2页、第3页……直至第11页、第12页……就此打住！千万要注意的是，iPad1和iPad2最多都只能显示11页的图标，也就是说从第12页开始，你安装的软件都无法正常显示，即使它们已经占据了空间。更重要的是，iPad上图标的排列是没有规律的，你经常需要一页一页仔细查找，或者很不情愿地动用系统自带的搜索功能，依旧不够直观和方便。

在电脑上对付类似问题的方法是建立文件夹，比如“游戏”、“办公软件”、“电子书”等等，现在iPad也可以了。建立文件夹的方法是先长按某个应用程序的图标，直至图标开始抖动（按照惯例这时你就可以移动或删除图标了），然后你将某个图标移动，覆盖另一个图标，这时系统就会提示你是否创建新文件夹，并自动生成文件夹的名称（如“游戏”或“效率”），你修改、确认文件夹的名称以后，这两个图标就同时存在于这个文件夹里了，之后你又可以拖动更多的同类应用的图标到这个文件夹中。

有了文件夹的归类功能，你可以将十几个赛车游戏放到同一个文件夹内，也可以将几十本有声读物放到同一个文件夹中，这样你在iPad上寻找需要的应用程序就要方便多了。最理想的应用界面是只有一页文件夹，根本就不需要再翻页寻找应用了，不过这需要你费很多工夫来建档和归类，还好通过电脑上的*iTunes*也可以操作，这就会让效率提高不少。

文件夹管理界面

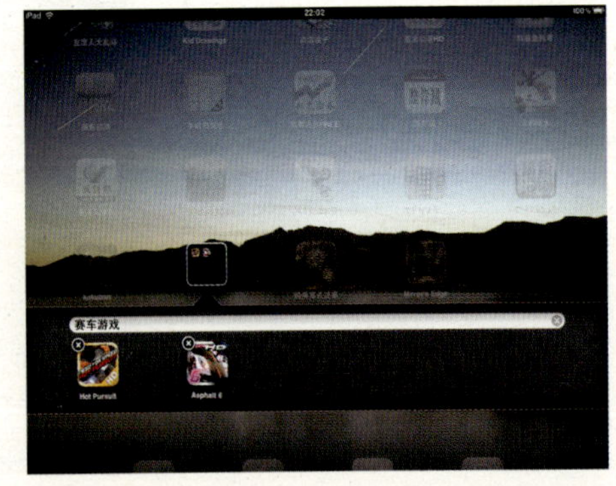

第3章 5分钟玩转App

App（应用程序）是iPad2的灵魂

没有了App

再美丽的iPad2也只是一个空壳

iPad2比iPad1性能更强

功能也更多

所有的这些进步都需要App来诠释

不一定都要花钱

在前面的章节里我们已经提到，除了出厂时内置好的应用程序，iPad2上的App都需要通过*iTunes*或91手机助手下载并安装到机器中，而你的iPad2又没有越狱，那么购买软件的开销似乎是逃避不了的。虽然我们提倡大家尊重知识产权，不要太克扣在软件上的花费，不过如果是每个软件都花上个几美元，买多了确实还是不小的负担，因为给iPad2装上一百多个软件是很正常的事。

其实你大可不必担心，*App Store*里的几十万个软件并不是都要收费，甚至大部分还是免费的。从收费方式上看，*App Store*里的软件一共可以分为5类，分别是收费版、免费版、限时特价版、限时免费版和Lite版，下面我就为你介绍一下它们的区别。

收费版：顾名思义，收费版软件是需要你付出“代价”的，最少0.99美元，上不封顶（只要有人买）。一般来说，收费版软件既然敢明码标价，那必然是有其自身的价值的，比如办公软件*iWorks*一共有3款软件，每个都要9.99美元，如果你不用iPad2办公就不用理会它们，但一旦你需要用iPad2处理文档、表格或幻灯片，那你就会非常需要它们。很多知名游戏如《极品飞车》系列和《植物大战僵尸》，也都需要6.99美元到9.99美元不等，而这些游戏的品质都是有口皆碑的，相信你就算没有玩过，至少也听说过它们的大名。

对于收费版软件，我的建议是，几美元换成人民币也要好几十块，你在消费之前最好先通过各种渠道了解一下这款软件的信息与其他用户的反馈，确认是适合自己的再购买，事实上，先阅读这本书就是非常好的办法哦。

免费版：与收费版相反，免费版软件不需要你花一分钱，你可以无限制地下载它们。免费版软件不是意味着质量不好，而是很多应用并不是通过卖软件赚钱的，比如收看电视节目的软件（如《凤凰卫视》等）都是免费的，因为电视台靠广告费赚钱，不靠卖软件赚钱。另外还有很多应用如杂志、读书软件，你下载单纯的阅读器不用花钱，但如果要继续下载某些特定的书就需要花钱了。更有一些免费版软件是为了做市场铺垫，先让你试用，等喜欢的人多了再收费（有点像过去263邮箱和网络游戏《传奇》的做法）。

免费软件，你当然可以尽情享用，如果你不愿意为软件付任何费用，其实*App Store*里的免费软件就足够让你玩得尽兴了。

Lite版：Lite是“精简”的意思，和免费版软件一样，Lite版软件也是不收费的，但Lite版软件的功能一般都会有很多限制，比如游戏只能玩前两关，工具只能实现20%的功能等等。Lite版软件往往都不是独立的，同时它身边还会有一个“正式版”的软件正在收费软件目录里进行销售。所以要是你不确定某个软件你是否喜欢，那可以先下载Lite版感受一下，如果很喜欢或是非常需要，再到*App Store*里购买正式版。Lite版是个好东西，因为通过试用Lite版再购买正式版的用户，绝对不会后悔。

限时免费与限时特价：这两个可是宝啊！有的开发商为了促销，会在某一个特定时期内，将原本价格较高的软件免费或特价销售（与现实生活中的促销是一样的），比如我就曾经下载了限时免费的游戏*Albert HD*，一个挺不错的休闲小游戏。限时特价同样吸引人，一些大作原价是6.99美元、9.99美元或更高，在促销期内一律只要0.99美元，与原价相比几乎就是免费了。这时你可能会问，如何才能把握这样的机会呢？有些遗憾，目前国内好像没有特别好的办法来专门订阅限时促销软件的名单，最好的方法就是经常登录*App Store*看看有哪些新增的免费软件（限时免费软件一般都会在热门排行榜的前列），或是自己一直心仪却舍不得下载的软件是否变成0.99美元了。

免费的午餐虽然好吃，但毕竟无需强求，如果变成守株待兔也太没有必要了，所以，还是随缘吧！

iPad2内置App逐个看

FaceTime

我们知道iPad2比iPad1增加了前后两个摄像头，因此内置应用也比iPad1有所增加，那么首先要说的，就是大名鼎鼎的*FaceTime*了。*FaceTime*是支持免费视频聊天的功能软件，在iPad2上市之前就已经广泛应用于苹果iPhone 4、Mac电脑、iPod Touch4身上，苹果用户们都很喜欢这项功能。过去iPad1不带摄像头一直被大家所抱怨，于是iPad2的*FaceTime*功能也成为了最受关注的iPad2新增功能。

有时候我们会觉得苹果公司玩营销的手段太高超了，视频聊天对于今天的网民来说再普通不过了，只要双方都有摄像头，连上互联网，再随便打开一个IM软件就可以实现了，真的是易如反掌，可为什么到了苹果产品身上就变成了一个大亮点了呢？不过回过头仔细想想，会感觉*FaceTime*还真的是很了不起的应用，至少它率先实现了跨界，你可以用iPad2、Mac电脑、iPhone 4和iPod Touch4中的任意一个设备，与另一个拥有这四种设备之一的人轻松实现视频聊天，这样就少了很多限制，我本人在测试*FaceTime*的时候，因为用iPad2的朋友还不多，很多人都是用Mac 电脑、iPod Touch4与我进行通话，感觉很不错。

总的来说，*FaceTime*不算是一个崭新的应用，但iPad2由于增加了这项功能，使其与iPad1相比有了更多优势。前置摄像头的效果只能说是一般，但是视频聊天时我们更在乎的是与谁聊天，聊什么内容，而不是看清楚对方脸上是不是又多了几颗痘痘，你说是吗？

Photo Booth

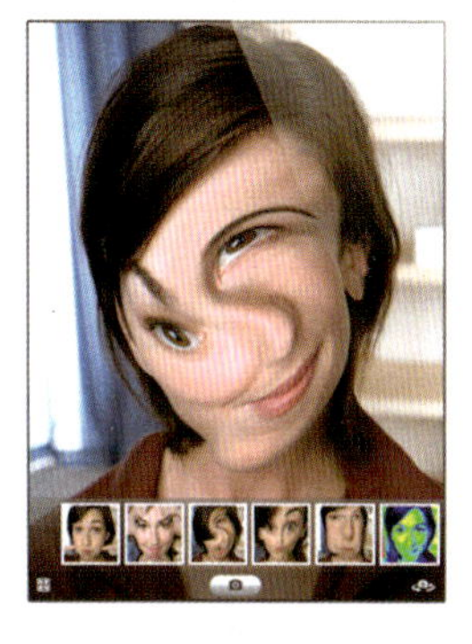

从名字上看，就算翻译成中文，也无法想象出这款新软件（照片货摊？）是做什么用的，不过当我打开它以后立刻就明白了！

这纯粹是一个搞怪的软件，但是很好玩，很有新意，我觉得用“照片万花筒”来形容它非常合适。*Photo Booth*同样是一款利用前置摄像头的创意软件，它可以在拍摄图像的同时生成8种特效，包括：热像仪、镜子、X射线、万花筒、光隧道、挤压、转动、伸懒腰。如果你对着iPad2做鬼脸，那么iPad2会以更搞怪的鬼脸来回应你。闲话少说，你看看我拍的照片就知道了！

这不见得是个多么实用的软件，但它很酷，很好玩，你可以用它来吸引朋友们惊诧与羡慕的目光，还可以把照片保存下来，传给你的亲人看，保准他们会大吃一惊哦！

相机

这个应用就比较正统了，用iPad2的后置摄像头可以拍照，拍照的效果一般，甚至比不上大多数拍照手机。我认为这是个可有可无的应用，毕竟iPad2的主业是平板电脑，而不是相机，如果真正需要高质量的图片，谁会用iPad2拍照呢？换个角度说，如果要让iPad2拥有优异的照相效果也可以，但需要增加几千元，你愿意吗？iPad2和iPad1之所以成功，就是因为乔布斯善于做减法而不是做加法，对应的案例是失败的Tablet PC，如果你还不了解这个产品，可以上网搜索一下看看。

但是，尽管拍照的效果不好，也不能说《相机》是完全无用的，万一在关键场合你只带了iPad2却没有带相机怎么办？电影导演Spike Lee在见到奥巴马时，就有记者拿出了他的iPad 2，并用来拍照，而这一瞬间又恰恰被旁边的另一位记者记录了下来。或许这位拿着iPad2拍照的记者当时最庆幸的就是自己手里拿着的不是iPad1。

Game Center

从这里开始讲的内置应用是iPad2和iPad1都具备的。只要你的iOS版本是4.2或以上，你的iPad1中也能看到*Game Center*的图标，而早期3.x版本的iPad1是没有的。对于热衷多人联机游戏的玩家来说，这绝对是一个令人激动的功能，可以理解为苹果公司的“战网”，你可以通过*Game Center*平台邀请朋友对战或协作游戏，还可以通过这个平台认识志同道合的新朋友。登录*Game Center*平台的方法很简单，直接用你的Apple ID登录就可以了。现在*App Store*里的游戏多数都提供了对*Game Center*功能的支持，只要安装了游戏，你就可以点击*Game Center*图标后直接进入游戏，而不需要再到长达数页的图标界面去一一寻找了。

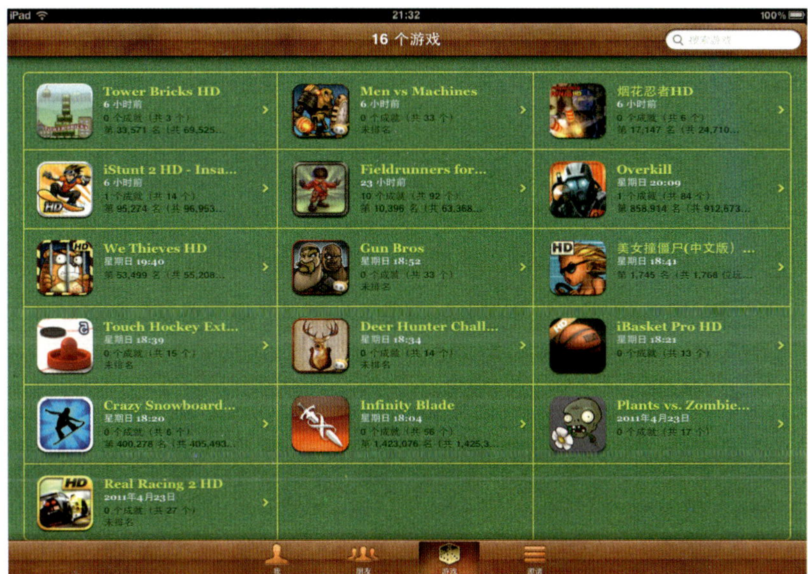

既然是“战网”，那当然还提供了成就功能，你可以查看自己的游戏成就，还可以在排行榜上与世界各地的玩家比比分数，如果你有玩得特别好的游戏，真的很有必要到*Game Center*里去“秀”一下！

*Safari*是苹果公司推出的浏览器，在iPad1等其他苹果产品上都有，这里之所以放在靠前的位置介绍，是因为iPad2上的*Safari*与iPad1是不同的。iPad2自带的操作系统是iOS 4.3，其内置的*Safari*使用了Nitro JavaScript引擎，速度提升了不少，如果你用iPad2与iPad1同时运行*Safari*，打开同样数量的网站，就会发现iPad2的速度要快得多。这里你一定又要问了，iPad1也能升级到最新版本的iOS 4.3或更新的操作系统啊！不错，但你不要忘了，iPad2用的是双核A5处理器，硬件条件要比iPad1强出一大截，而上网尤其是同时访问多个网站对处理器的要求是很高的，在电脑上也会有同样的经历。因此如果要问iPad2的双核A5处理器带来了什么？那么很重要的一个答案就是上网的速度明显更快了！

Safari

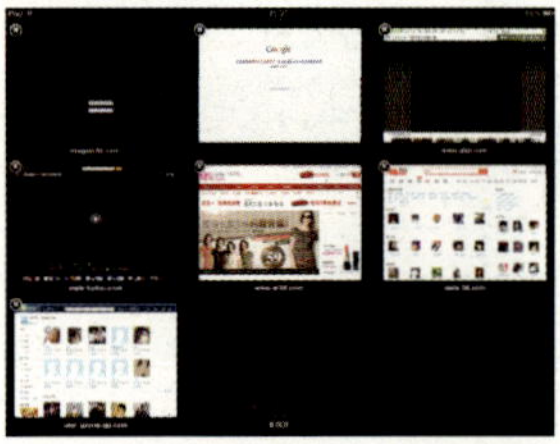

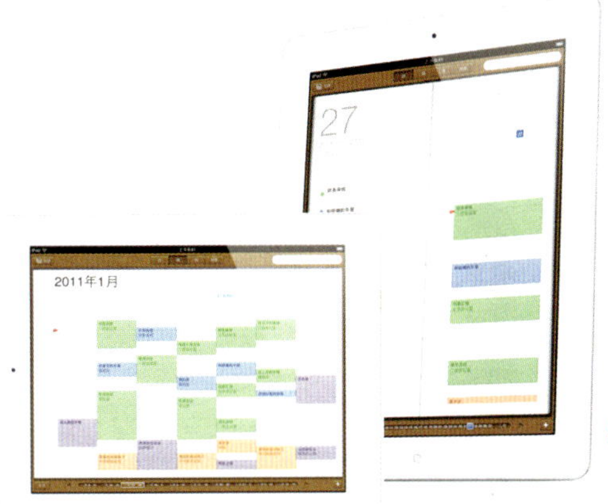

27 日历

不论是iPad1还是iPad2，这项应用都是默认排在第一个的，我认为在手机与iPad这类移动设备上，《日历》功能是非常有用的，你可以将所有重要的会议及行程记录在《日历》中，并可以将信息同步到电脑上的Outlook。电脑你很难随身携带，但iPad和手机就可以，有了《日历》的提醒功能，相信你再也不会遗漏重要的行程与工作了。

通讯录

虽然简单、普及，但又非常重要的内置应用。以前你的联系人信息只能在电脑与手机上整理和存储，现在iPad2也可以帮你这个忙了。通过网络或*iTunes*，你在电脑、手机或是Google通讯簿里的联系人信息都可以同步到iPad2上，并在iPad2上进行整理与更新。虽然这不一定会改变你的生活，但多一个地方保存这些信息，至少会更加安全，是不是？

备忘录

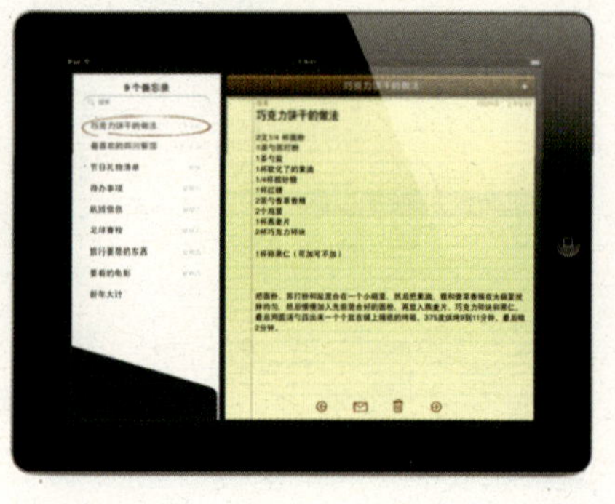

《备忘录》就如同随身秘书，你可以随时随地记下备忘录、工作事项提醒、购物列表和杂记感想，同样也可以同步到电脑上。这里的备忘录只具备最基本的功能，如果你对《备忘录》很重视，那你可以关注一下*App Store*里的知名任务管理软件*Todo*，我们在后面的章节也会有所介绍。

地图

iPad2和iPad1内置的《地图》都是*Google Maps*，所以这里也不用过多地介绍了，总的来说*Google Maps*已经非常出色，一般人需要的地图应用都能满足。不过如果你想要更酷、更炫、更强大的地图功能，那么强烈建议你再安装一个*Google Earth*！

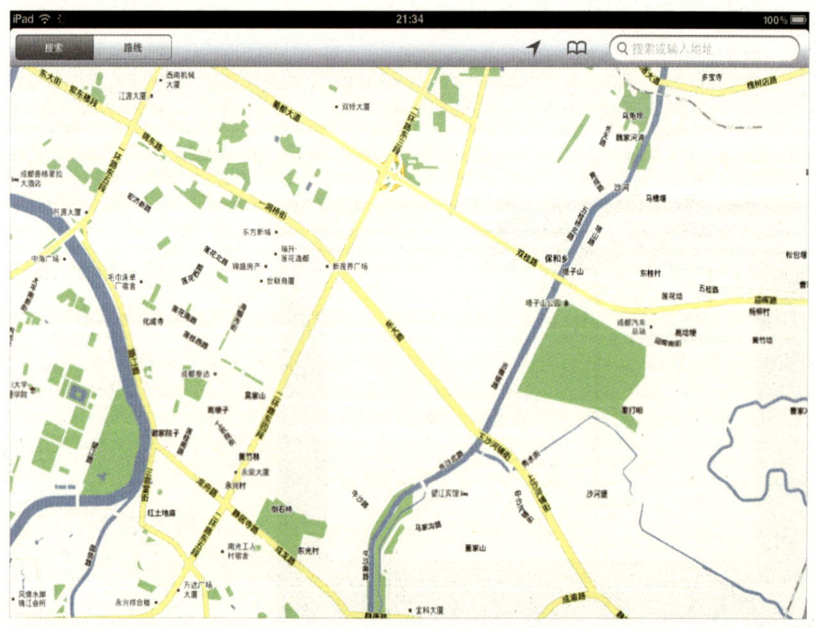

iTunes

iPad2上的*iTunes*和你在电脑上安装的*iTunes*基本上是一样的，当你的iPad2可以上网，需要下载音乐或书籍，又远离自己的电脑时，你就可以打开iPad2上的*iTunes*，刚开始可能不太适应，但用习惯了你完全可以直接通过iPad2下载需要的音乐、书籍等，这样就不用频繁地让iPad2与电脑联机和同步了。

与PC版*iTunes*有所不同的是，PC上*iTunes*是和*App Store*集成在一起的，而iPad2上则是分开的，如果你要下载App，那就需要打开另外一个应用——*App Store*。

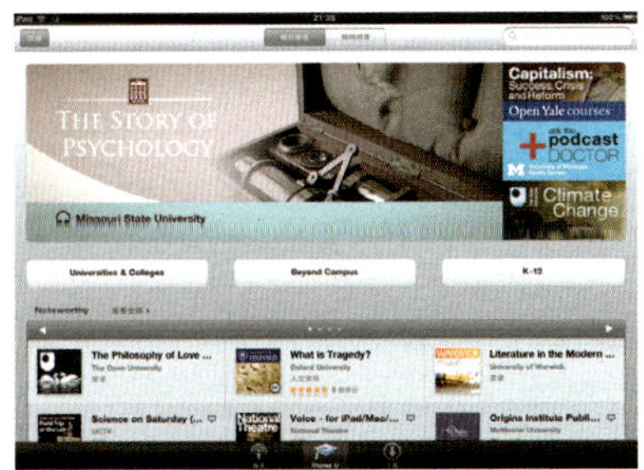

视频

关于iPad2的《视频》应用，本人持保留态度，因为苹果对视频格式的限制确实太多了点，几乎所有现成的视频文件都需要通过格式转换，才能在iPad2上进行播放，如果是付费购买视频又不太划算，因为就算不看盗版，互联网上也有大量的正版视频可以看。如果要看更多格式的视频，完全可以安装一个应用软件如*AV PlayerHD*，就算花点钱，也比日复一日地转换格式强啊！自从成为iPad用户以后，“视频”图标是我点击得最少的图标之一。

YouTube

这又是一个有些“鸡肋”的应用，*YouTube*是美国最大的在线视频网站，然而有时候访问*YouTube*却非常困难……所以，建议你还是下载国内的在线视频客户端吧，比如《PPTV网络电视》或《奇艺高清影视》，这些应用在iPad2上的表现都非常棒，而且免费！

App Store

这项应用也是把电脑上的工作转移到iPad2本身，让你下载应用程序更加快捷方便，这时你最需要做的是控制好自己的钱包哦……

设置

毫无疑问，这个按钮实在是太重要了，你第一次打开iPad2，首先需要点击的应该就是这项功能。你可以在这里设置无线网络，设置亮度与墙纸，设置软件的运行方式，查看机器的信息……设置好了，你才可以顺利地使用iPad2。在日常的应用中，你也会经常来这里调整和改变一些设置。

Mail

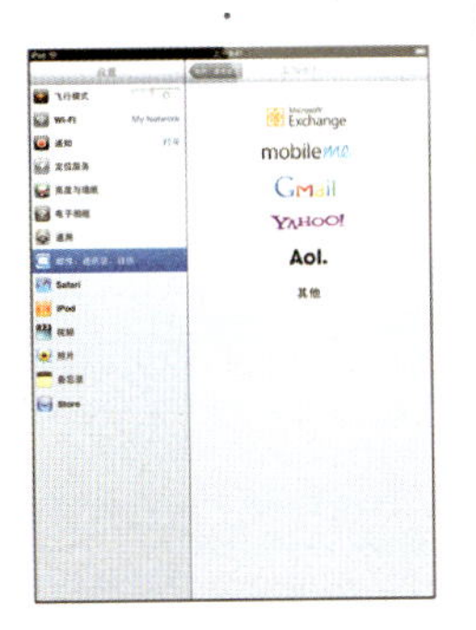

既然iPad2可以上网，那么上网最重要的功能之一——查看邮件自然不能旁落，iPad2的*Mail*功能可以搭配苹果*MobileMe*、微软*Exchange*与大部分常用的电子邮件系统服务（如Yahoo！电子信箱、GMail）以及标准的POP3和IMAP电子邮件服务，有了这个邮件功能，你在iPad2上查看和发送邮件就和电脑一样方便，而且还是无线的！

照片

在iPad2上看照片爽不爽？回答当然是肯定的，如果你曾经用iPhone看过照片就会知道，在iPhone上用手指进行照片的拖拽、放大缩小、旋转都非常的惬意，比点击冷冰冰的鼠标舒服多了。iPad2的屏幕面积达到了iPhone的8倍！用iPad2的大屏幕看照片当然是爽就一个字。不仅如此，由于移动方便，iPad2很适合用来给朋友、亲人分享照片，完全就是一个高档的数码相框了！

iPod

这是苹果产品里最流行的一个符号，iPod本身也是让苹果公司咸鱼翻身直至美名天下的音乐播放器，iPad2作为苹果公司高端的平板电脑，当然会将低端的音乐播放器纳入囊中，作为一项免费的内置应用。打开*iPod*应用程序后，你的iPad2就变成了一个放大版的iPod，更大的屏幕可以显示更多的曲目、歌词等信息，得益于多任务功能，你也可以一边听歌一边上网。iPad2自带的扬声器的效果已经很不错了，不过如果你对欣赏、享受音乐很在行，那还是可以再购买一副耳机或iPad2专用音箱。

过瘾！乐享iPad2专属App

Garage Band

从*iPod*开始，苹果公司在全球的粉丝越来越多，这其中有相当大一部分都是音乐、影视爱好者。到了今天，iPad2不仅可以用来听音乐、看电影，还可以让你自己也参与制作，只需装上对应的App就可以了。*Garage Band*与后面即将提到的*iMovie*是与iPad2同步推出的苹果官方应用程序，虽然这两款软件并不是只支持iPad2，在iPad1上也能打开，但这两款软件对系统资源的消耗很大，更适合在iPad2的硬件条件下运行，更能展现iPad2的实力。

早先我在iPad1上也玩过一些音乐软件如口袋钢琴、古典吉他等，所以我不理解为什么同样是音乐软件的*Garage Band*会耗费更多的系统资源，但用过以后我就明白了，一个乐器演奏起来很简单轻松，但8个乐器同时演奏，合成音轨，还要混音和添加特效，那真的就大不一样了。

专业的音乐制作软件与非专业的音乐娱乐软件是有很大区别的，4.99美元的价格不贵，何况这还是苹果官方发布并推荐的大型软件，不论你是懂音乐还是不懂音乐，都可以安装一个来娱乐一下，感受iPad2的魅力。

*Garage Band*是一款功能强大的音频编辑软件，支持多达8个音轨的混音和音效，而且还有放大器和效果器的功能。如果你不懂音乐也无需担心，*Garage Band*附有一些预先录制的旋律，内置的Smart乐器功能可以为你自动演奏预先设定好的旋律，你只需要“跟着和”就可以了，最后你还可以录下来慢慢欣赏。等你熟悉了，你完全可以自己创作一些草根曲子，不仅可以自娱自乐，还可以发送给朋友们分享。

iMovie

*iMovie*其实早就有iPhone版的了，但作为一款动态视频编辑软件，iPad1上没有是情理之中的事。在前文中我曾经说过，iPad2的后置相机功能由于效果一般，只能说是可有可无的应用，但用过*iMovie*后我发现我错了，我收回前面所说的话。拍摄动态视频对像素的要求不是那么的高，iPad2后置摄像头拍摄的动态视频达到了720P，并且支持5倍数码变焦，不论是在iPad2上看还是电脑上看，效果都很不错。*iMovie*是一个很有用也很好用的软件，它可以在iPad2上通过触摸控制来编辑视频，并提供了一组视频模板与相关效果供你用在自己的视频片段上。

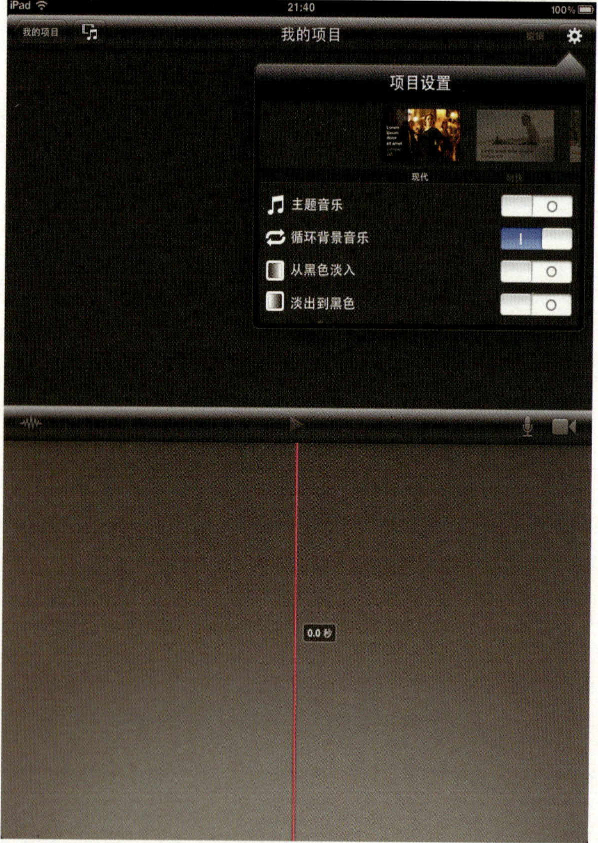

iMovie

价格：4.99美元

大小：69.1 MB

语言：中文、英语等

通过iPad2，你会感受到一种全新的剪辑体验，全部都只靠滑动与手势操作，但却出人意料的简单和方便。*iMovie*并没有像电脑上的视频编辑软件那样提供一堆过渡和特效选项，但它所提供的素材已经完全可以用来创造不错的作品——特别是对于制作全家度假视频、生日聚会这样的常用应用而言非常对口。只要你用心，完全可以录制和编辑出一些高质量的作品，不仅可以拍摄属于你自己的家庭滑稽录像，没准还能让你成为下一个胡戈。

与*Garage Band*类似，*iMovie*在工作时很明显会占用大量的系统资源，即使是在iPad2上运行，有时也会出现卡滞和暂时无响应等现象，或许这也说明平板电脑的机能还有很大的提升空间。*iMovie*是随同摄像头一起“捆绑”给iPad2用户的礼物，如果你不用它，你就浪费了你的iPad2，暴殄天物，不值得啊！

实况赛车2 *Real Racing 2 HD*

这是一款2011年3月才上市的赛车游戏，是《实况赛车》(*Real Racing HD*)的续作，几乎与iPad2同时发布，在制作上也针对iPad2的硬件标准进行了优化，开发商Firemint曾表示《实况赛车2》的开发就是以iPad2的硬件标准进行的，因此如果你拥有iPad2，那你千万不要错过这个专门为你的爱机量身定做的赛车游戏。当然，如果你手头只有iPad1，那也无需担心，根据我的测试，游戏在iPad1上也能流畅运行，可玩性丝毫不打折扣，只是画面的绚丽程度与场景细节不如iPad2上那么完美。

说到赛车游戏，可能国内玩家最熟悉的当属EA公司出品的《极品飞车》系列，在iPad上也能玩到《极品飞车》，同样很受玩家的欢迎，但考虑到对iPad2的优化，那《实况赛车2》就有明显的优势了。更令iPad2玩家激动的是，最新版本的《实况赛车2》还支持多屏显示功能——只要你购买了iPad2专用的HDMI输出线缆，就能将游戏画面输出到大屏显示设备（如液晶电视和液晶显示器）上，清晰度比iPad2的原始分辨率更高，最高可以达到1080P。不仅如此，此时你手中的iPad2不再显示重复的游戏画面，而是转变成为仪表盘，可以独立显示全屏地图、行驶速度等信息，这种从未有过的游戏体验，拥有iPad2的你一定要试一试。

抛开技术因素，《实况赛车》系列也是目前唯一能媲美《极品飞车》系列的iPad赛车游戏，如果要说这一系列的游戏与《极品飞车》系列有什么不同，根据我本人的研究再融合其他玩家的体验报告，可以发现《实况赛车》系列在真实性与操控手感方面更胜一筹，细节方面（如背景音乐、驾驶员的换挡动作，给赛车进行个性化喷漆）做得更好，而《极品飞车》系列的游戏画面更加艳丽和奇幻一些。因此《极品飞车》系列可能更适合大众玩家，《实况赛车》系列则更适合赛车爱好者，因为它更加专业。事实上，没有一款赛车游戏是每个指标都绝对领先的，风格不同就能带给玩家不同的感受，几个游戏换着玩是最有乐趣的。这就像可口可乐与百事可乐，各有各的味儿！

除此之外，iPad2新加入的三轴陀螺仪也使赛车游戏的操控感更加美妙了，比单纯依靠重力感应更加灵敏和真实。还有一款赛车游戏《狂野飙车6》巧妙地运用了iPad2的陀螺仪功能，在3D车库中，你移动手中的iPad2或握着iPad2迈出脚步，就能全方位欣赏你的爱车，如同真实车库一般，这要比用手指在触摸屏上旋转爱车棒多了吧！

实况赛车2

Real Racing 2 HD

价格：9.99美元

大小：402 MB

语言：英语

同类游戏推荐

狂野飙车6

价格：6.99美元

大小：505 MB

语言：中文、英语等

现代战争2

提起大型第一人称射击游戏，几乎所有人的第一反应都是电脑游戏中的大作。从射击游戏的鼻祖*Doom*、*Quake*系列到几年前流行的《三角洲特种部队》、《反恐精英》，吸引了大量电脑玩家参与到多人对战的射击游戏中去。之后的《荣誉勋章》、《使命召唤》等系列大作也给我们留下了很深刻的印象。但是，如果谈起iPad1和iPad2中的第一人称射击游戏，又有多少人会了解呢？你是否会认为限于机能与操作方式，iPad平台上的射击游戏还停留在简单的2D模式呢？

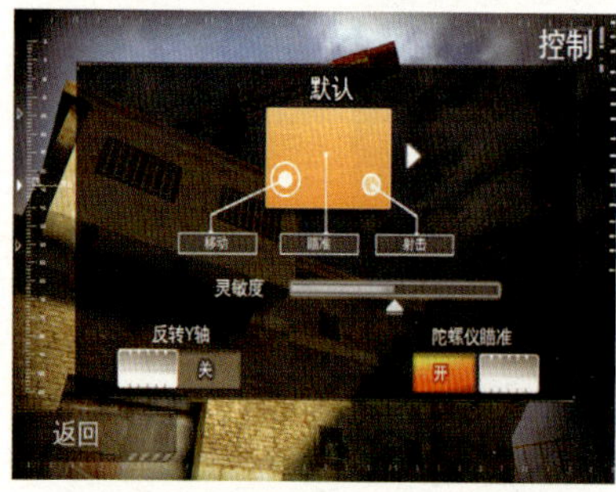

其实不然，在iPad1上，3D射击游戏的画面效果就已经达到了主流电脑的水平，可以说是完全出乎大家的意料，不得不佩服苹果A4处理器的执行效率，在如此低的频率和功耗条件下能达到如此高的效能。iPad2的性能比iPad1更强，图形处理能力甚至达到了iPad1的9倍，因此在iPad2上玩射击游戏，速度和效果自然会比iPad1强出不少，但这里我们要谈的不是机器的性能，而是三轴陀螺仪。

现代战争2

价格：6.99美元

大小：476 MB

语言：中文、英语等

前面已经说过，iPad2率先在平板电脑中加入了三轴陀螺仪，如果射击游戏支持三轴陀螺仪，可以达到什么样的效果？我曾经在iPad1上玩过一些射击游戏，比如《战火兄弟连》等等，感觉画面效果、执行速度都还让人满意，但转向控制就不太方便了，毕竟触摸屏不如鼠标那么灵敏和易于操作。但当我在iPad2上玩过支持三轴陀螺仪的《现代战争2》以后，我就再也不想回到iPad1了，甚至感觉连PC也黯然失色。

三轴陀螺仪不仅能感受垂直方向的运动，还能感受水平方向的运动，这就意味着你手中的iPad2会变成“货真价实”的冲锋枪，你只需握着iPad2在水平方向转动，就能在游戏中实现转向和瞄准的效果，与拿着真枪的感觉完全一样，太刺激了！尽管这样瞄准的精准度比不上鼠标和手指的点击，但真实感却是过去任何一种游戏设备都无法实现的。

至于游戏的画面，这里我就不再赘述了，留给你自己慢慢享受吧！未来iPad2上支持三轴陀螺仪的游戏还会越来越多，如果你是该类游戏的爱好者，你一定会觉得购买iPad2实在是人生中最棒的一个决定！

同类游戏推荐

彩虹六号

价格：6.99美元

大小：479 MB

语言：中文、英语等

N.O.V.A.2

价格：6.99美元

大小：739 MB

语言：中文、英语等

高清镜子

与前面提到的几款大作不同，《高清镜子》仅仅是一个0.9 MB的免费软件，不过它可是货真价实的iPad2专属应用程序哦，因为它充分发挥了iPad2前置摄像头的效用。

事实上，《高清镜子》几乎就是一个纯粹的前置摄像头调用程序，而且在iPhone和iPod Touch上早就流行开了。尽管只是一个小小的功能，但这却是iPad1用户可望而不可及的，所以你既然买了iPad2，当然要充分利用一下iPad2的新增装备了。话说《高清镜子》的适用面还是挺广的，有几个男生平时出门会把镜子带上呢?

讲到这里，我们的iPad2专属软件也介绍完了，而*App Store*里99%以上的应用都是同时适用于iPad2与iPad1的，本书后面的应用推荐也是不分彼此的，因此如果没有特别说明，我们一律都用“iPad ”表示你手中的苹果平板电脑，不论它是二代、一代还是三代。

iPad和PC很不一样

它更适合与全家人一起分享快乐

我喜欢 老婆喜欢 老人小孩都喜欢，

是什么赋予了iPad这样的魅力

第4章：趣味娱乐 全家共分享

K歌之王HD

自打有了这个软件之后，每天晚上没事都可以抱着iPad练习唱歌，而且可以把自己的声音录下来，研究一下还有哪些地方需要改进……用不了多长时间，准能练就一方麦霸了！想唱就唱，想录就录，“一键导出”功能还可以打造自己的音乐专辑，分享给朋友们欣赏。这样的感受，就算是去KTV也难以实现哦（能录音的KTV还是凤毛麟角，打造专辑更是遥不可及）！更重要的是，《K歌之王》不用像去KTV那样花上大把大把的银子，更不会受到时间、空间的限制。很多人都说，《K歌之王》不但让自己的唱歌水平大有长进，还涌现出了一种渴望登上舞台的冲动。

K歌之王
HD
价格： 4.99美元
大小： 7.8 MB
语言： 中文

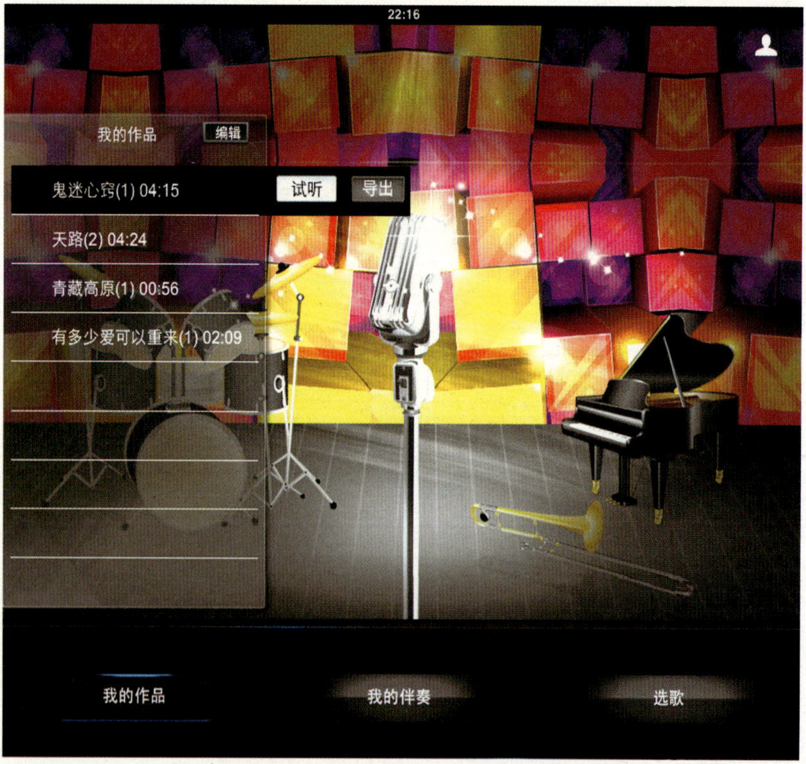

有了iPad大屏幕的助力，《K歌之王》的歌词显示非常清晰，老年人浏览起来也不会感到吃力。点歌功能方便快捷，海量歌库提供了2 000多首热门曲目，可以通过分类、拼音首字母、歌手名等多种方式查找喜欢的卡拉OK歌曲，就像在KTV包房点歌一样惬意。至于伴奏、混音的效果，那更是毋庸置疑，只需用两个字来形容——专业！

足不出户享受美妙音乐，边唱边学体验巨星摇篮，一起来吧，K歌之王就是你！

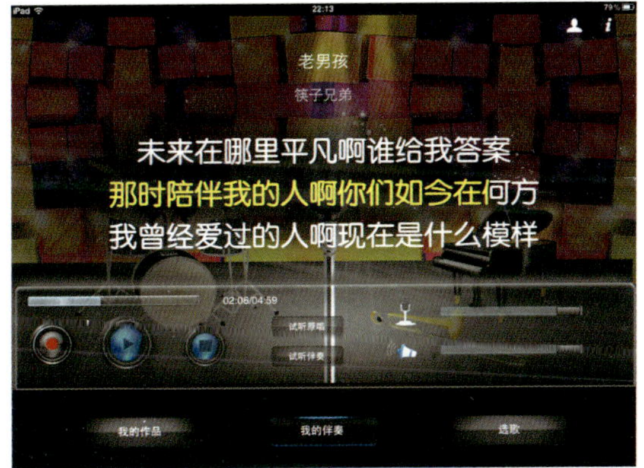

同类软件推荐

爱卡拉在线卡拉OK

价格：免费

大小：7.8 MB

语言：中文

会说话的汤姆猫

价格：免费

大小：31.6 MB

语言：英语

会说话的汤姆猫

Talking Tom Cat for iPad

汤姆是一只可爱的宠物猫，它可以在你触摸时作出各种不同的反应，你可以抚摸它、用手指戳它、用拳轻打它或捉它的尾巴，还可以给它喝上一杯牛奶，它会非常的开心哦！但是如果它生气了，它就会“残忍”地在你的iPad屏幕上留下锋利的爪印，让你心痛万分，不过它的爪子还是不如你的屏幕坚硬，原来它只是想吓吓你，让你对它好一点。要是你一直都不理它的话，它也不会缠着你，自己躲到一旁去打瞌睡了。

同类软件推荐

会说话的长颈鹿吉娜
价格：免费
大小：58.3 MB
语言：英语

会说话的机器人罗比
价格：免费
大小：74.4 MB
语言：英语

更有趣的是，汤姆会用滑稽的声音完整地复述你说的话，不论你给它讲普通话、方言还是外语，它都会一字不漏地重复出来，但声音非常喜剧，让人忍俊不禁。别小瞧了它的这个小本领哦，全家人都被它给逗乐了，岳母和岳父更是和它“对话”了一晚上都觉得意犹未尽。这里告诉你一个小秘密，汤姆猫还会重复你或别人的歌声，而不论是唱得好还是左到天上去，都会变成别具一格的汤姆版RAP，颇具欣赏价值。你还可以将这些录制下来，通过电子邮件发送给你的朋友们欣赏。

《会说话的汤姆猫》是iPad用户必装的软件之一，流行程度甚至超越了所有的iPad自带软件，开发商Outfit 7还连续发布了一系列汤姆猫的姊妹篇作品，比如《会说话的长颈鹿吉娜》、《会说话的机器人罗比》、《会说话的莱拉仙女》等等，有免费的也有收费的，不过比较以后，我感觉还是原汁原味的汤姆猫最有魅力。快让你的家人和朋友们都来和这只会说话的汤姆猫一起玩耍，享受欢乐和笑声吧！

AV Player HD

价格：2.99美元

大小：7.9 MB

语言：中文

AV Player HD

通过iPad 9.7英寸的大屏幕看电影当然是莫大的享受，然而iPad本身支持的视频格式实在是太少了，很多（准确的说，几乎是全部）视频文件必须经过格式转换才能同步到iPad上，很不方便，有时候就算是转换后的视频在iPad上也不能正常播放，如果能有一款软件让iPad播放电影、电视剧像PC一样方便该多好啊！*AV Player HD*就是这样一款“想群众之所想，急群众之所急”的及时雨软件。安装它以后，大多数视频文件不再需要额外的转换格式过程，直接就可以通过iPad观看。

*AV Player HD*使用起来也非常简单，只需通过USB接口或WiFi网络复制视频和字幕的源文件即可，复制完以后iPad就可以离线观赏各种视频了。视频格式支持XVID、DIVX (AC3)、AVI、WMV、RMVB、ASF、H.264等等，字幕格式支持SMI、TXT、SRT、SubStationAlpha，也就是说PC上主流的视频与字幕文件，*AV Player HD*基本上都能播放。前两天我就用这个软件在iPad上看了刚刚获得奥斯卡奖的《国王的演讲》（RMVB格式的），效果不错。

同类软件推荐

同类软件推荐

Oplayer HD

价格： 4.99美元

大小： 15.7 MB

语言： 英语

用iPad看电影本来是iPad的杀手级应用，和游戏、上网一样重要，而iPad的“先天缺陷”让不少玩家放弃了看离线高清电影的功能，但是在线观看电影毕竟会受到空间、片源的限制。如今有了*AV Playcr HD*，你手中的iPad就价值大增了！

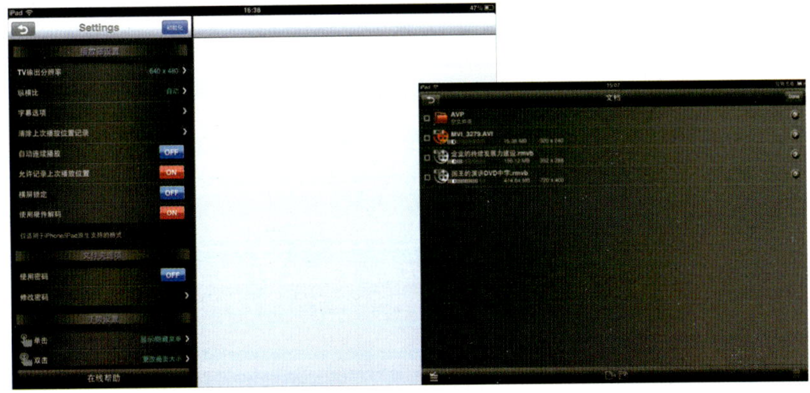

同类软件推荐

Fish Farm
价格：免费
大小：19.4 MB
语言：英语

Pocket Pond HD
价格：免费
大小：22.6 MB
语言：英语

多彩水族箱
Colorful Aquarium for iPad Lite

从小我就一直喜欢在家养点小动物，只可惜，不知道是风水不好，还是“人品”不够彪悍，养啥啥不活。几年下来，金鱼、鹦鹉、阿猫阿狗什么的养了不少，可也死了不少，就连曾经养过的一只乌龟都不满半年就“四脚朝天”了。后来总结经验，主要是我没时间换水、喂食和照顾它们，尤其是各种鱼类，习性不同，养育起来也就格外费神……随着年龄的增长，生活的忙碌，喜爱小动物的情感也愈发被压抑起来，不过当我看到这款《多彩水族箱》软件之后，我又开始动心了，电子化的小鱼，照顾起来应该不怎么费力吧？你是否也感兴趣了呢？

《多彩水族箱》可以使手中的iPad摇身一变，变成一个个性化的水族箱。打开工具菜单之后，可以增加不同的小鱼，并滑动它进入水族箱。从顶部向底部滑动屏幕可打开道

多彩水族箱
Colorful Aquarium for iPad Lite
价格：免费
大小：10.4 MB
语言：英语
开发商：139.me

具菜单，滑动就可以拽出想要增加的道具，加入到水族箱中，有多种水草和珊瑚。每个道具都会有一个随机的大小和形状，可不断调整到满意为止。如果你仔细看看，还会发现过一段时间水族箱就开始变浑浊了，小鱼也开始饿了，这个时候你就可以选择喂鱼或者是清洁。气泡和沙子也是可以任意选择的，你还可以点击水族箱的任意位置，吓跑那些可爱的小鱼。这要比真实的金鱼缸丰富、有趣多了吧，而且小鱼再多，也不用担心它们的健康问题了。

这款看似简单的小应用可不简单哦！它曾经进入过苹果公司员工内部的推荐应用名单，而且在iPad的官方广告视频中也出现过，足以看出它的受欢迎程度！

PPTV网络电视

和音乐资源一样，影视资源的版权管控越来越严格了，很多下载狂人都逐渐改成在线观赏影片，尽管清晰度无法和几十GB的高清资源相比，但在线观看也有很多优点，比如节省了下载的时间，只要有网络就随时可以观赏正版影视剧等等，这方面PPTV算得上是网络在线视频的元老级人物了，iPad版的《PPTV网络电视》覆盖了电影、电视剧、动漫、综艺、体育、资讯、游戏等众多视频分类，涵盖数以十万计的视频内容，资源非常丰富，最新热门剧的连载更新也做得不错。值得一提的是，PPTV的视频效果也是iPad在线视频软件里最出色的。

这款由上海聚力传媒技术有限公司(PPLive)开发的应用于iPad终端的视频播放应用软件并非简单的PC版移植作品，而是专门针对iPad的屏幕进行了优化，通过图文检索、双列图文、大幅图墙等展现形式，非常适合iPad 1024×768分辨率的屏幕，效果与效率都有所改进。在线视频播放软件也是iPad上可选余地最为广泛的应用之一，《迅雷看看HD》、《优酷高清》、《奇艺高清影视》、《土豆网》、《搜狐视频HD》、*QQLive HD*都是这一领域巨头们争夺领地的武器，由于不同公司的视频资源各有不同，因此你也应该尽量多装上几个。

PPTV网络电视
价格： 免费
大小： 1.7 MB
语言： 中文

同类软件推荐

迅雷看看HD
价格： 免费
大小： 8.1 MB
语言： 中文

优酷·高清
价格： 免费
大小： 1.6 MB
语言： 中文

爱音乐 *iMusic*

买了iPad的用户，十个有九个会用它来听音乐。iPad自带的*iPod*功能十分强大，通过*iTunes*也能获取丰富的音乐资源，但是对于国内用户来说，仅有*iPod*与*iTunes*是远远不够的。经常使用PC的我们早已习惯了通过互联网获得免费的歌曲，那么iPad是不是也应该具备这样的功能呢？答案是肯定的，《爱音乐》就是帮助我们实现这一目标的娱乐软件，软件虽小，五脏俱全，又是免费，拥有iPad的你当然应该拥有。

同类软件推荐

摸手音乐HD
价格： 免费
大小： 4.0 MB
语言： 中文

《爱音乐》是软件开发者与九天音乐（www.9sky.com）合作推出的一款在线音乐播放器，说起九天音乐你应该不会陌生，这是国内最知名的音乐网站之一，有着十几年的历史了。iPad装上《爱音乐》以后，就像PC访问九天音乐网一样方便，爱音乐榜单，在线播放，专辑图片，应有尽有，也可以搜索自己喜欢的歌曲，资源相当丰富。当然，如今音乐版权越来越受到重视，因此《爱音乐》并不提供音乐下载功能，所有的歌曲都只能在线播放。

操作简单，歌曲丰富，不用花钱，是《爱音乐》最显著的三大特点，与之类似的软件还有《摸手音乐HD》，后者是与百度音乐合作的产品，同样十分强大，喜欢听歌的你可以自己感受和比较一下哦！

爱音乐
iMusic
价格： 免费
大小： 2.2 MB
语言： 中文

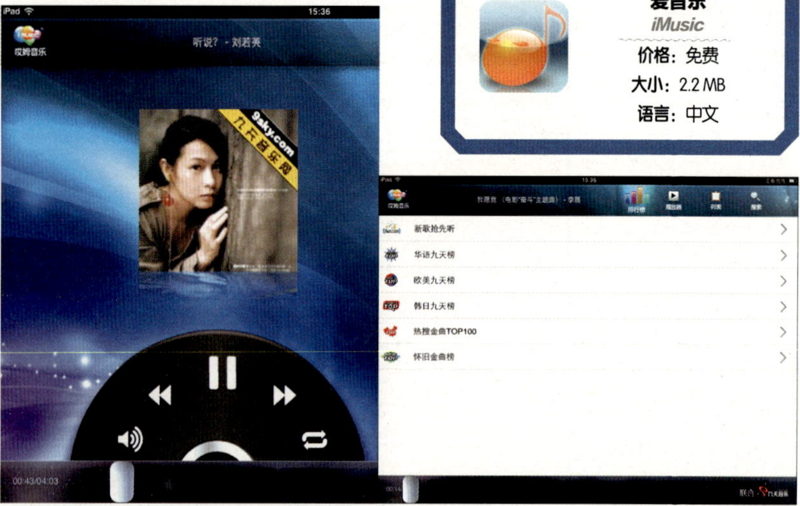

音乐生物钟

生物钟是我们人体内一种无形的“时钟”，从白天到黑夜的24个小时内，我们所处的身体状态都是不一样的，生物钟相对稳定的人，身体也相对健康。《音乐生物钟》就是针对这一特点，帮助你调节人体生物时钟的音乐产品。这款软件帮你将一天划分成若干的时间段，每个时间段都有不同的事务，比如读书、电脑、瑜伽、驾车、护肤、放松、睡眠等等，而针对每个事务，软件都提供了多首音乐来帮助你更好地完成想做的事，比如“睡眠”时是风格各异的摇篮曲，“读书”时是节奏舒缓的轻音乐，“发泄”时则会听到抑扬顿挫的打击乐器声。

与音乐同样精彩的是软件的配图，算得上是我看到过的最精彩的漫画作品了，绝对值得你慢慢欣赏。音乐、场景与配图共同把你带入另一个非凡的世界，不仅帮助你调节人体生物钟，提高你的睡眠质量，还可以让你工作得更加专注，玩得更加尽兴。

音乐生物钟

价格：2.99美元

大小：13.7 MB

语言：中文

有空的旅途HD

《有空的旅途HD》、《有空的迷宫HD》和《小母牛坐火箭HD》是同一个系列的益智小游戏，不过在*App Store*里它们都被归为“娱乐”类，估计是开发商认为这几个游戏与一般游戏还是有些区别吧，这里我们要介绍的是最受欢迎的《有空的旅途HD》。

一直以来“一百层”这类的小游戏就很受欢迎，虽然内容不像许多动作游戏或射击游戏那样惊险刺激，但玩游戏就是为了放松嘛，何必要把自己搞得那么紧张呢？这款《有空的旅程HD》的主角是一只可爱、超萌的小母牛，它相当喜欢挑战自己，继上次在《小母牛坐火箭HD》中向天上冲击之后，超级NB的小母牛又要下一百层了。这款小游戏上手很容易，但要想成为牛B的人物可不太简单，比“是男人就下一百层”困难多了。游戏中有很多丰富的场景可供你选择，功能各异的道具也能帮助小母牛更好地完成任务。更搞笑的莫过于小母牛说出一些网络上的搞笑热词，比如被电到会说“电爹呢这是”，变身唐僧之后又会说“沃勒个去”，若是安全的降落还会搞怪的说“妥妥的”等等。

同类软件推荐

有空的迷宫HD
价格：免费
大小：6.5 MB
语言：中文

小母牛坐火箭HD
价格：免费
大小：8.4 MB
语言：中文

总体来说《有空的旅途HD》是一款轻松有趣的精品级国产游戏，不论是从游戏性还是画面来说，这款游戏都是开发者的用心之作，该系列游戏的其他两个作品《有空的迷宫HD》和《小母牛坐火箭HD》也很值得一玩。

口袋钢琴
Pocket Piano HD

应该有很多朋友都看过朗朗用iPad演奏高难度钢琴曲《野蜂飞舞》的经典视频，尽管视频的末尾让大家都知道了该视频是一次“恶搞”，也是极具创意的iPad广告，不过用iPad演奏钢琴曲并不是无稽之谈，完全可以通过优秀的软件来实现。《口袋钢琴》就是这类软件的代表作，以前在iPhone上就有了，但是iPad的大屏幕用来弹钢琴那可是要比iPhone舒服多了，因为大屏幕的优势，屏幕上可以同时显示2排琴键，足以覆盖两个八度，而且最多支持88个音键，这一点已经可以与真实的钢琴比肩了。

口袋钢琴
Pocket Piano HD
价格：免费
大小：19.0 MB
语言：英语

《口袋钢琴》使用世界上最棒的三角钢琴收集每个琴键的原音，支持多点触控，可以实现10键同时混响，非常厉害。在细节上该软件也做得非常出色，不仅有丰富的设置选项，还可以自定义按键尺寸，这个功能不仅可以让按键更加贴合你的手指，也可以调整屏幕上按键的数量，使之达到最适合你的样式。当屏幕上显示两排按键的时候，双手共同工作，与弹真实的钢琴、电子琴还真没多少差别（当然，按键没有弹性）。我自己对音乐不在行，从没学过弹琴，用《口袋钢琴》试着弹了弹自己背得到谱子的《欢乐女神》和《康定情歌》，尽管生涩，可听众们都感到很惊讶哦！

所以，不论你是喜欢弹钢琴的专业、准专业玩家，还是只是想自娱自乐一下，iPad上的钢琴演奏软件都很值得你享用。要知道买一台钢琴至少万儿八千的，可软件却是免费的！

同类软件推荐

Virtuoso Piano Free 3
价格：免费
大小：19.0 MB
语言：英语

Pianist Pro
价格：4.99美元
大小：90.3 MB
语言：中文、英语等

古典吉他
Classical Guitar

《古典吉他》是一款免费的吉他模拟软件，曾经在美国区iPad免费软件榜单中排名第二，用iPad弹吉他可比在iPad上弹钢琴更加拉风哦！《古典吉他》不仅可以体验流畅和动听的尼龙弦古典吉他，而且敏感度相当高，很容易弹奏，甚至在有些方面还能超越真实的吉他。有了iPad的大屏优势，演奏区域的尺寸也非常接近真实的吉他，喜爱吉他的朋友不妨一试，只是弹奏的时候千万要小心一点，别把iPad摔坏了。

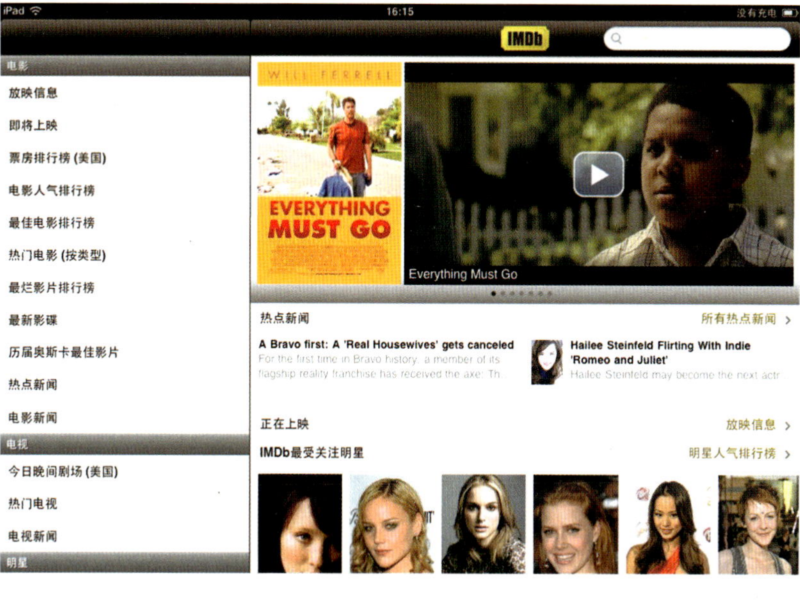

IMDb Movies & TV

电影迷请举手！哇！好大一片！你们都会需要这个App的，它能让你跟上影坛的最新消息！不论是电影的放映讯息（遗憾的是目前还不支持中国地区）、热门影碟（DVD及蓝光片）、热门电影查询还是热门新闻它都有，更为精彩的是各类排行榜的查询，票房、人气、最佳电影排行榜，甚至还有最烂电影排行榜跟历届奥斯卡最佳影片！电影粉丝们，*IMDb Movies & TV*是你们需要随时Follow的喔！

IMDb Movies & TV

价格：免费

大小：5.7 MB

语言：中文

同类软件推荐

全国电影放映时间

价格：免费

大小：2.9 MB

语言：中文

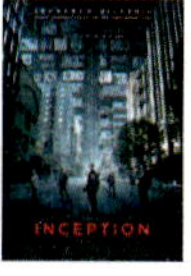

可视收音机

想不想一边上网一边收听新闻？《可视收音机》就能帮你实现，这可比普通的收音机霸道多了，“可视”的魅力有多大，你只需看看截图就能领会。这款软件比较突出的特点就是有着完整的国内电台节目单，每天不同时段不同节目一目了然，而且支持后台播放（边上网边听广播就靠这个了）。详细的电台介绍、节目介绍等功能让你感觉这个收音机比电视机还更有意思，如果你有听广播的爱好和习惯，那这款软件实在是太适合你了！

同类软件推荐

网络收音机
价格：1.99美元
大小：9.0 MB
语言：中文

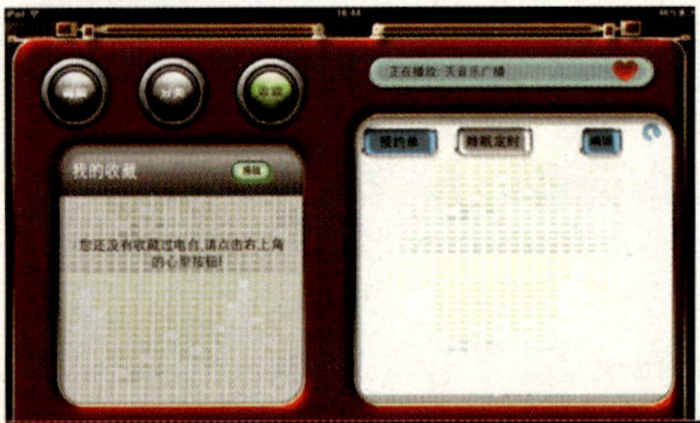

可视收音机
价格：免费
大小：16.4 MB
语言：中文

音乐摸摸乐

价格：免费

大小：25.0 MB

语言：英语

同类软件推荐

音乐摸摸乐

价格：0.99美元

大小：24.7 MB

语言：英语

音乐摸摸乐

赶快来体验这款新颖的儿童音乐娱乐软件吧！只需选择好喜欢的歌曲，然后在iPad的屏幕上点击或者滑动，它就会根据你的输入节奏，演奏出动人的歌曲，并且显示出绚丽缤纷的画面。这款软件寓教于乐，对于乐感的培养很有帮助，如果家里有小孩，用来做音乐启蒙软件非常适合。免费版软件包含《摇篮曲》、*ABC*、《十个印第安小男孩》等耳熟能详的儿童歌曲，正式版的歌曲则更多，有30余首，而且还在不断添加中。

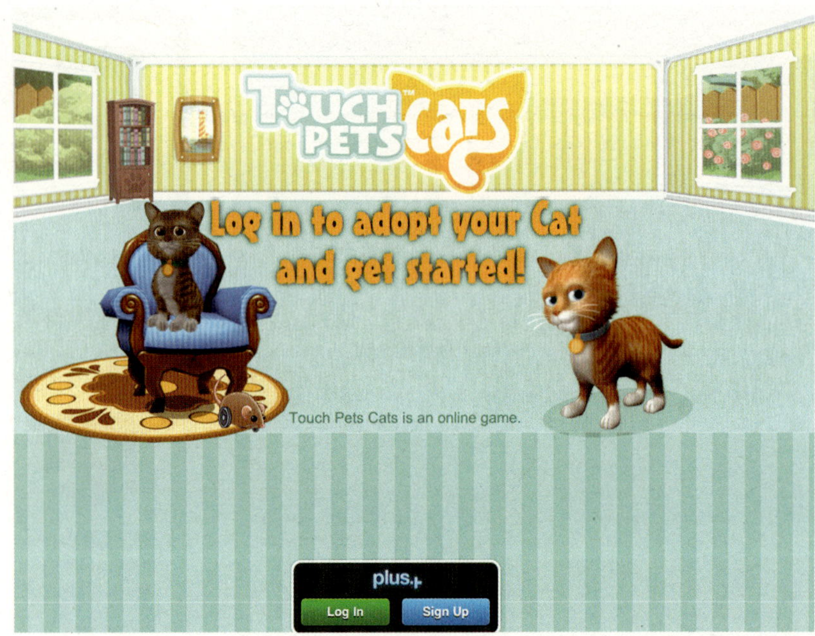

触摸宠物猫

Touch Pets Cats

电子宠物的最新形态——在线宠物猫来了！喜欢小动物的你可能无暇照顾小猫小狗，那么这只虚拟的宠物猫能让你的爱心充分释放。你的小猫将会生活在你自己设计的房子里，你可以给它买玩具，买衣服，买食物，还可以抚摸它，使唤它。它比真实的小猫更加可爱，而你不用担心它会被饿死。

触摸宠物猫
Touch Pets Cats
价格：免费
大小：69.1 MB
语言：英语

雷人图片第二辑

价格：免费

大小：125 MB

语言：中文

雷人图片第二辑

虽然不是什么很新奇的应用，不过作者用心良苦的选择工作还是值得肯定的。互联网上雷人的图片很多，大家经常都能看到，而这款《雷人图片第二辑》帮助我们做了精选和整理，我们要做的只是和朋友们一起欣赏，开怀大笑，用iPad看照片本来就很方便的说！如果看完了还不过瘾，推荐你再去下载同样精彩的《雷人图片2011》。

同类软件推荐

雷人图片2011

价格：免费

大小：134 MB

语言：中文

一起做陶器
Let's Create! Pottery HD Lite
价格：免费
大小：33.6 MB
语言：英语

一起做陶器
Let's Create! Pottery HD Lite

这是一款亲手制作陶瓷器的软件，非常的与众不同！软件中你可以充分发挥出自己的创造力与想象力来制作一个又一个陶器，当你制作完成时，还可以在虚拟的市场上出售，出售获取的金钱可以去换取新的陶器图案（图案风格非常多：中国风、欧美土著、欧洲古代等）。这样的玩法我还是第一次看到，不能不感慨iPad的大触摸屏果然能带来无限可能！

同类软件推荐

Let's Create! Pottery HD
价格：4.99美元
大小：61.4 MB
语言：英语

1000音效

这款应用再一次证实了iPad让人意想不到的无穷魅力！你可以和孩子轮流敲打桌面，使iPad发出各种有趣的声音，你们也可以把iPad放在床上并敲打床面，听到声音又会不一样。顾名思义，总共有1000种音效，试一试你和孩子能发掘出多少种呢？不过据说有小孩在玩这个游戏时把桌子敲翻了，你可一定要小心哦，要知道这款软件曾经用过的名字是《桌震敲敲乐》……

冷笑话

综艺大王宪哥的冷笑话总是魅力无穷，你是不是也很羡慕呢？这里就有很多很多的冷笑话，而且还带图哦！每个笑话都有评价和评论，你也可以给你看过的笑话打星或是评论。这个软件随时都会更新，因此你每天都可以看到源源不断的新的冷笑话。每天会心笑一笑，生活多美妙！

冷笑话
价格：免费
大小：1.0 MB
语言：中文

同类软件推荐

脑筋急转10000弯

价格：0.99美元

大小：3.2 MB

语言：中文

脑筋急转10000弯免费版

价格：免费

大小：3.2 MB

语言：中文

脑筋急转10000弯免费版

没事跟家人、朋友、同学一起玩脑筋急转弯吧，不仅给大家带来了欢乐，老了还不容易得老年痴呆，多好！小时候的你是不是也很喜欢看《脑筋急转弯》一类的图书呢？这个软件收集的脑筋急转弯的数量可比普通图书里的多多了，很多段子都是你以前绝对没看过的，你知道答案后还可以去整蛊别人，其乐无穷啊！

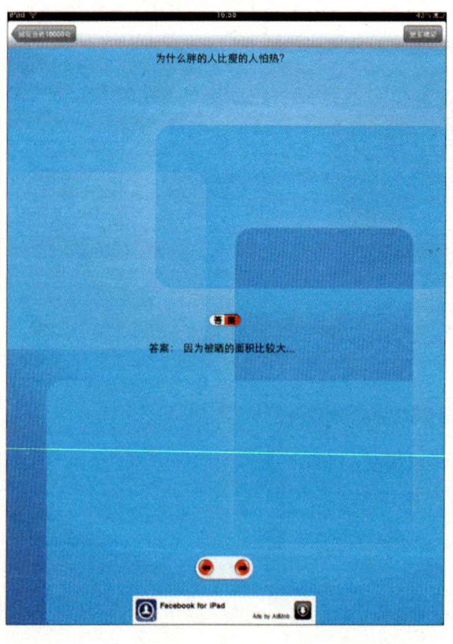

酒桌大冒险

要是你喜欢和朋友们一起喝酒，那么《酒桌大冒险》就是你的必备工具。这款软件适合2—4人共同参与，利用“高科技”手段将酒桌上“喝不喝”、“该谁喝”这些千古难题进行了合理、公平的解决，从根本上杜绝了“劝酒”这一恶劣行为的发生。该应用适用于饭馆、酒吧、KTV等各种场所，是你出席饭局、朋友聚会、居家旅行必备之工具。

酒桌大冒险

价格：免费

大小：4.0 MB

语言：中文

第5章 常用工具 让iPad更给力

计算器 这个当然有

词典 这个可以有

还有什么好玩的 你猜

猜不出来的话 那就往后看吧

iMoney 全球汇率转换

汇率转换在我们的日常生活中越来越重要和常见了，比如我们在iTunes上购买歌曲、电影或软件，都是用美元支付的，那么最新的人民币兑换美元的汇率是多少呢？每次用iPad购买软件时，心里总还是会盘算一下，看看买一个《植物大战僵尸》需要少喝多少瓶可乐……因此如果iPad自带汇率转换软件，那是相当的有必要哦！iMoney可以说是目前最好用的实时汇率转换工具（没有之一），最重要的是它还是免费的。

iMoney提供了21种常用货币的最新汇率，操作也很简便，和按计算器差不多，借助iPad的大屏幕，iMoney可以支持4种货币同时计算汇率。除了自由计算汇率，该软件自带的ListView（汇率一览表）功能也很直观，让你随时可以掌握汇率动态。

iMoney
全球汇率转换
价格：免费
大小：2.0 MB
语言：英语

同类软件推荐

万能转换HD

价格：1.99美元

大小：3.6 MB

语言：中文、英语

最后，汇率转换软件最重要的是什么呢？当然是及时更新，因为汇率每时每刻都在发生着变化。这方面你也不用担心，*iMoney*每小时会自动更新汇率数据，只要确保你的iPad能接入互联网即可。尽管是这样一个小小的汇率转换软件，刚一诞生就占据了*App Store*免费软件下载榜的榜首，并且长达一周之久，足以看出大家对它的关注与喜爱。

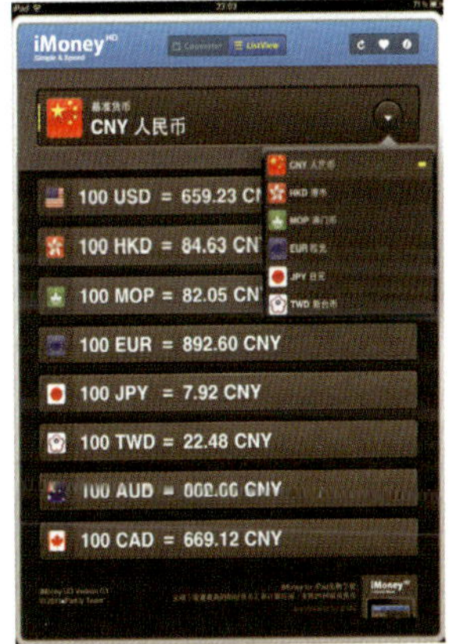

对了，听说人民币又要“涨价”了，那样*App Store*里的软件就会更便宜啦，这能不能算是工资涨了呢，哈哈！

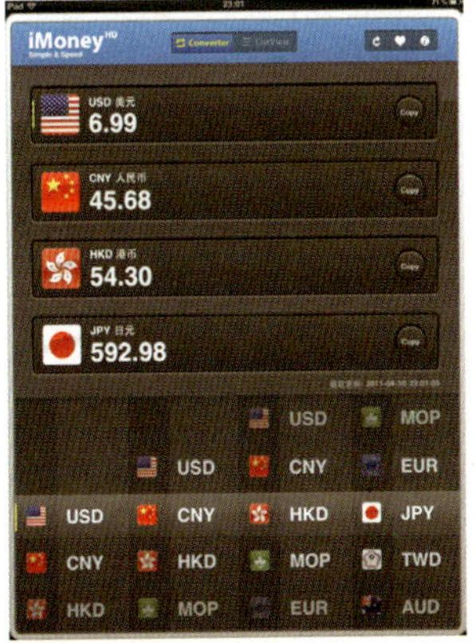

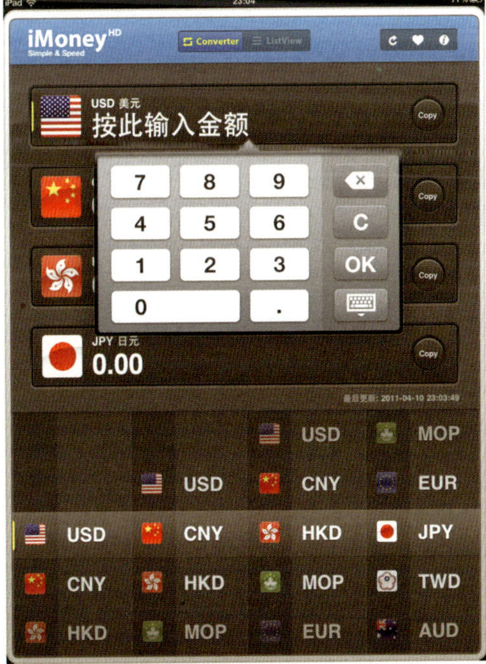

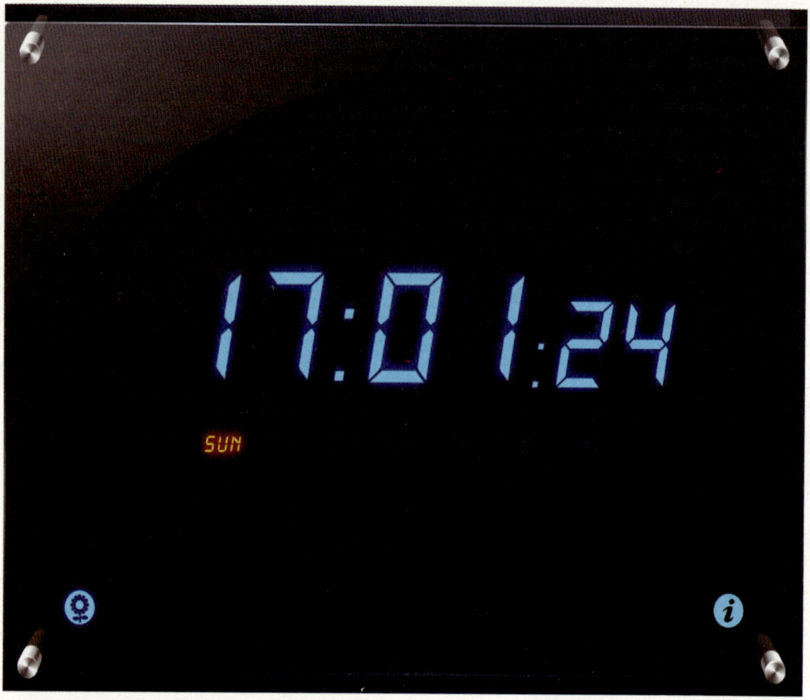

亲爱滴，起床啦！HD

快乐、幸福的一天从“此”开始——《亲爱滴，起床啦！HD》是一款集美妙的声音、立体的界面于一体的时尚闹钟软件，有了它，上班族、熬夜族每天最痛苦的起床也能变得有滋有味。

亲爱滴，起床啦！HD

价格： 1.99美元

大小： 20.7 MB

语言： 中文、英语等

日复一日的闹钟铃声是否已经成为你美梦与痛苦的临界点？哪怕是再好听的手机铃声，听多了也会腻味，如果设置成早上的闹铃，更可能会变成你每天最怕听到的“恐怖音符”。虽然很无奈，但现实就是现实，无法避免，有没有什么办法可以改善这一切呢？如果每天早上的唤醒声音都不一样，有蜜糖的、柔美的、古典的、小秘书型的……多种风格，美轮美奂，每个清晨都响起不同的声音，你还会认为听到早起的铃声会是噩梦的开始吗？

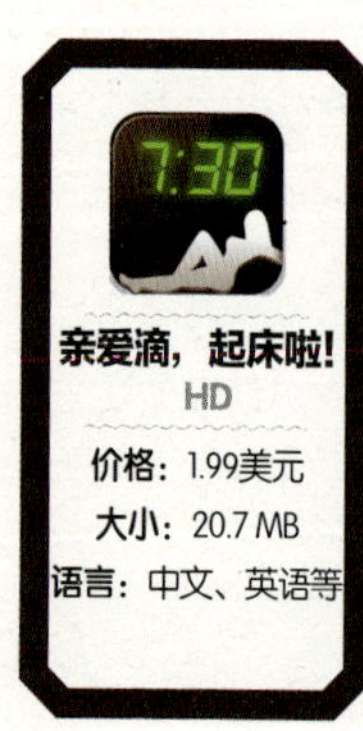

同类软件推荐

超炫电子闹钟HD专业版
价格：1.99美元
大小：9.4 MB
语言：英语

除了丰富多样的好听的声音，软件还提供了背景相框功能，可以将你心上人的照片做成闹钟的背景，每天醒来关闹钟时的心情定将大好哦！至于设置多个闹钟、小睡等应该拥有的功能，《亲爱滴，起床啦！HD》自然是一个不差。

Good morning！……美妙的声音与画面，让你充分享受晨起的快乐！

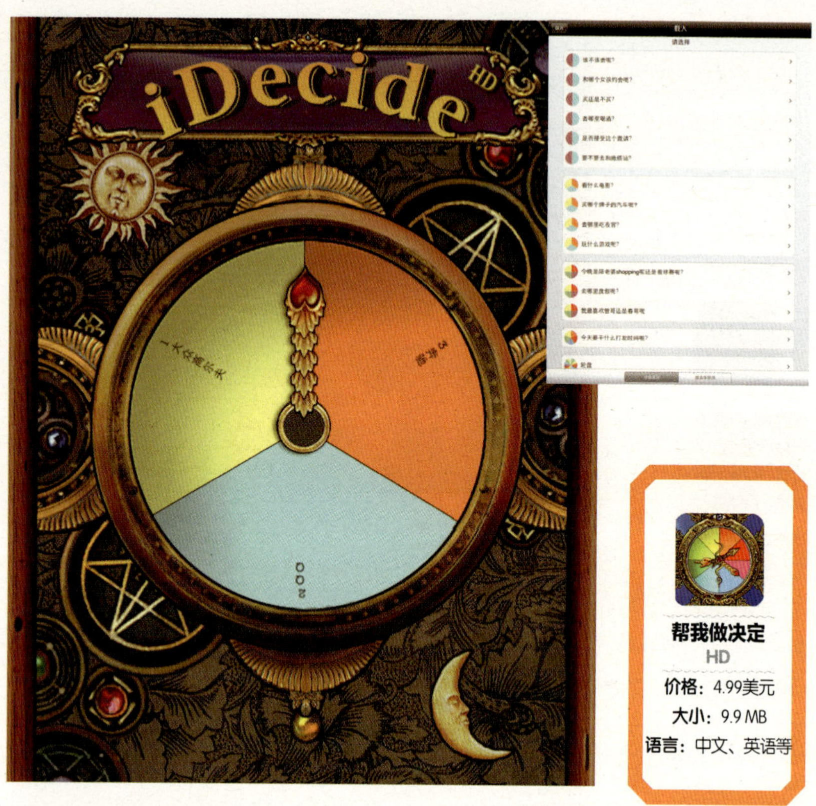

帮我做决定HD

也许你会偶遇梦中情人，是否要上去搭讪？成功搭讪后去哪里吃饭？吃完饭是否要去看电影？那么多电影选择哪一部？看完了是否送她回家？看见想了很久的游戏机，买还是不买？朋友叫去应酬，去还是不去？买什么牌子的汽车？两份条件相当的工作，接受哪一家？……

不错！人生充满了选择，很多选择是没有正确答案的，也是不需要标准答案的，对于这样的问题，你是不是经常投硬币做出一些决定呢？成龙在电影《新少林寺》里用到的是否要离开少林的抽签方法，你是否也想尝试？其实不用那么复杂，只要有了这个软件的帮助，一切都将非常简单。而且，它的用途不仅仅是这些哦！和朋友们出去喝酒，下一杯谁来喝？大家出去聚餐，谁来买单？只要用“just spin”模式，看箭头指向谁，谁就是最后的幸运儿啦！

App工具箱 HD（15 in 1）免费版

App工具箱
HD（15in1）免费版

价格：免费

大小：33.9 MB

语言：英语

这款App工具箱软件为你的iPad提供了一个完全免费的软件合集，15合1的应用均是从*iTunes*里各个分类里挑出来的精品应用，让你不需要花太多精力就能了解到小小的iPad拥有的无限潜力。

这15款应用包含了画画、拍掌时钟、计数器、节拍器、别碰我的iPad等等，均为*App Store*里很受欢迎的免费应用。其中《别碰我的iPad》就是一款非常有趣又有用的小软件，当你设置好密码后，别人一碰你的iPad就会自动报警。不过，如果你自己都把密码忘了，那情况就不妙了……

如果你还需要更多的应用，如果上面这些应用还不能满足你的需求，那么开发商会推荐你去下载收费版的“30 in 1”或“50 in 1”，不过，因为你已经有了手头这本书，所以我就不再推荐你去花冤枉钱咯！

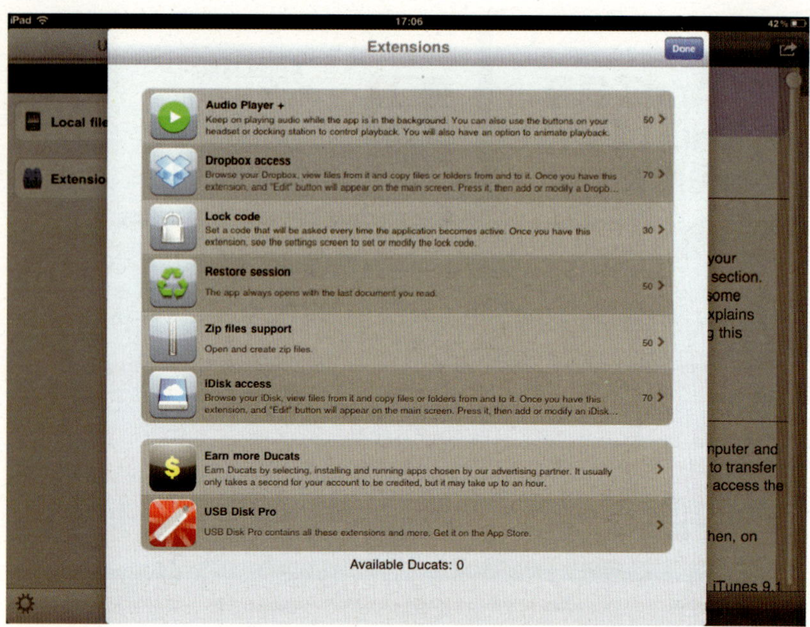

USB Disk for iPad

受制于苹果的封闭策略，iPad上文件的管理问题始终是个难题，比如说一份文档、一张图片要交给两个程序或两个以上程序来打开、编辑，那么就得将文件分别发送到这几个程序中去。有的在线软件如《金山快盘》可以解决这个难题，本书后面的章节里也会介绍这个软件，但是离开了网络又怎么办呢？能不能让iPad上的文件如同U盘或移动硬盘那样便于读取呢？

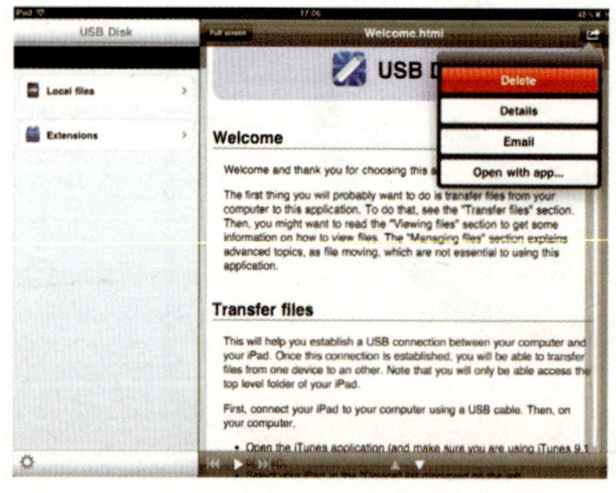

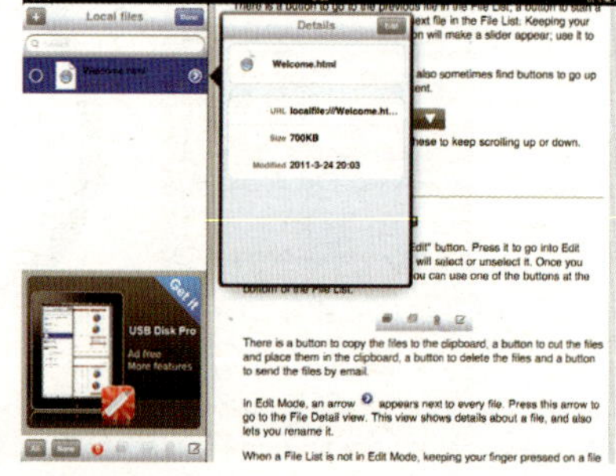

USB Disk for iPad

价格：免费

大小：6.8 MB

语言：英语

有办法！这个办法就是*USB Disk for iPad*，它可以让你的iPad具备移动硬盘的功能，只需要通过*iTunes*将文档拖拽给“USB Disk”，那么打开这个软件，点击“local file”即可看到传输的文件，再点击文件右边的箭头，即可选择“Open with app”，这时你就可以用iPad上已经安装过的程序来打开文件了，同时你还可以通过E-Mail发送文件，查看文件信息，也可以删除文件。从此你再也不用为文件不能共享而苦恼了，*USB Disk*就像给iPad内置了一个U盘，没有重量，而且还是免费的！

同类软件推荐

USB Disk Pro for iPad

价格：0.99美元

大小：5.4 MB

语言：英语

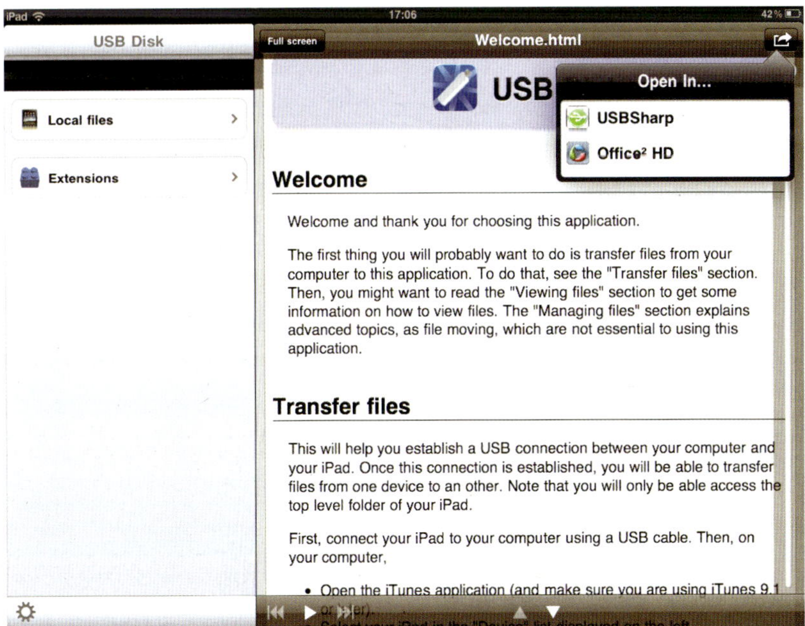

◆ 同类软件推荐

App111
价格：免费
大小：0.9 MB
语言：英语

App123

iPad自带的*iTunes*和*App Store*有着官方软件一贯的特点——功能强大而且完善，稳定，兼容性佳，但是缺乏个性化，速度慢，效率低，所以开发商为我们提供了一些替代品，尽管功能没那么强大，但你用起来会感觉高效、舒适得多。

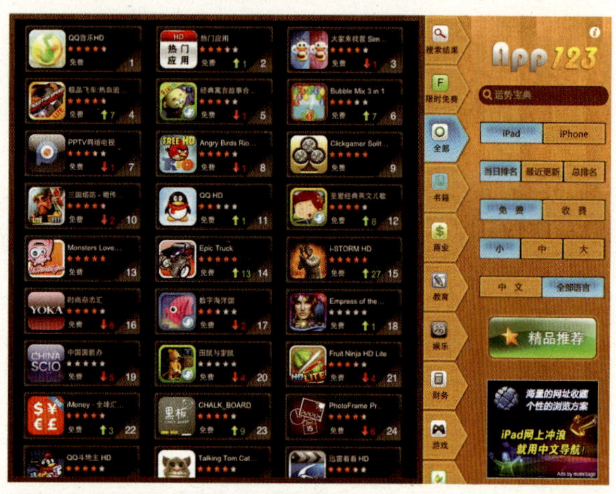

App123
价格：免费
大小：3.1 MB
语言：中文

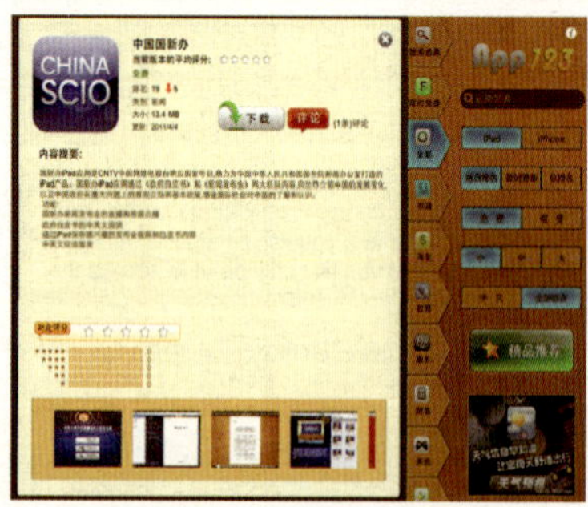

*App123*就像是一个美观大方的软件列表，为你提供最新鲜及时的iPad应用程序分类资讯，可以帮助你更加快速便捷的获取到需要的软件，同时支持按更新日期等方式排序，还能筛选出全部的免费软件和面向中国地区发布的中文软件。事实上，*App123*提供的功能，官方的*App Store*都有，而且在*App123*里选择了软件，还是需要通过*App Store*下载。不过*App123*绝不是多余的，它就像电脑上的网址导航软件一样好用，界面也更加亲和，更加适合在iPad上进行浏览。当我用过*App123*后，我真的再也不想在iPad上点击“*App Store*”的图标了。

ReadPDF

iPad刚刚推出时本身是不支持PDF格式文件的，因此各种PDF阅读器如雨后春笋般涌现，占据了*App Store*里大量的位子，后来iOS和*iBooks*经过更新后可以阅读PDF格式文件了，PDF专用阅读器就失去了往日的风光。不过这款免费的*ReadPDF*还是可以安装到你的iPad上的，对于部分PDF文件如证书、合同等等，如果都要导入*iBooks*，而且你的*iBooks*里电子书资源又很丰富的话，查找起来会有些难度，所以专用的PDF阅读器可以让你在iPad上的网盘或虚拟U盘里打开PDF文件，用“术业有专攻”来形容它比较合适。

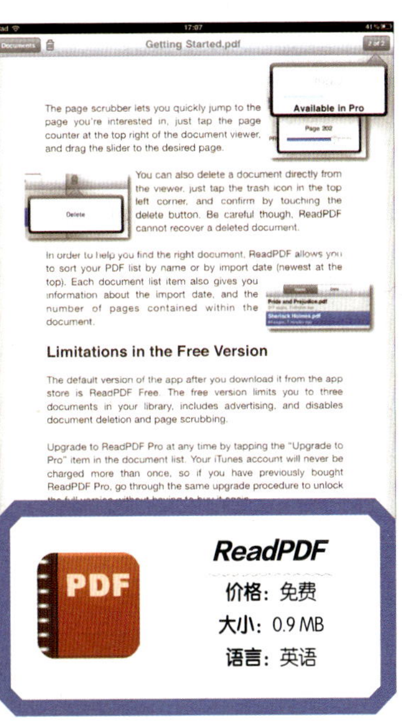

ReadPDF
价格：免费
大小：0.9 MB
语言：英语

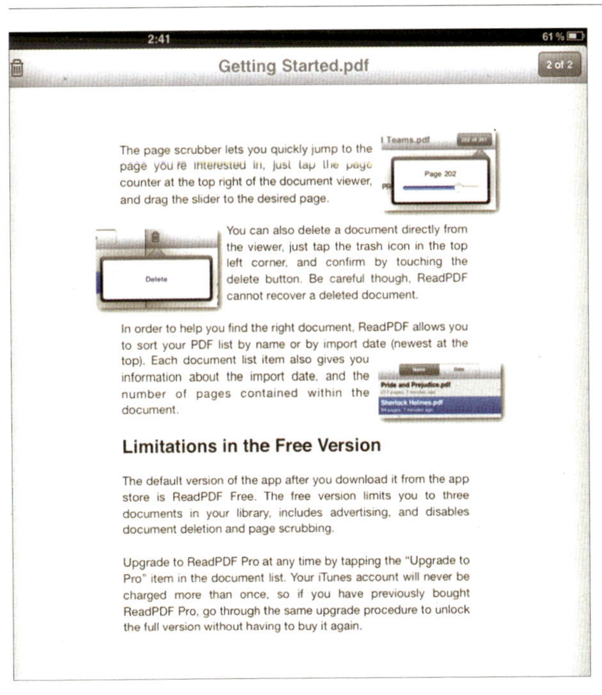

同类软件推荐

PDF Reader
价格：0.99美元
大小：15.8 MB
语言：英语

手机归属地查询 免费版

对于只响了一声就断的陌生号码，要不要用手机打过去，如果是骗子怎么办？相信很多人都遇到过这样的困扰，其实只需要查到手机号码归属地，基本就能判断是否是值得信赖的号码了，经验告诉我，如果是“广东东莞”，那99%是骗子电话，打过去就会狂扣手机费的。这款《手机归属地查询（免费版）》软件自带离线数据库，无须联网就可查询130-139、150-159、 186、188、189号段的全部资料，如果数据库里没有资料，也可以选择联网查询。当然，除了防骗功能，这款软件同样可以用于查询朋友手机号码的归属地，还可以结合谷歌地图，迅速了解所在地的道路与地理信息。

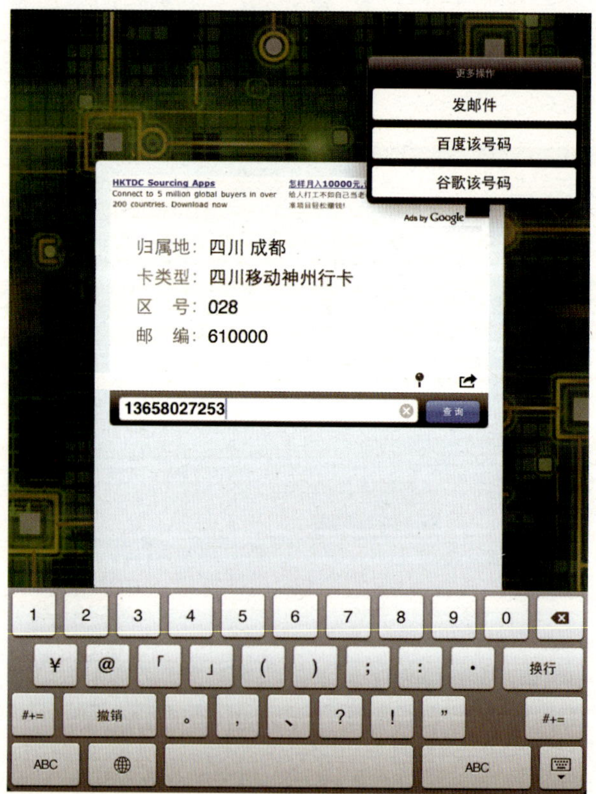

号码归属地
价格：免费
大小：2.3 MB
语言：中文

万年历

《万年历》是一个不需要用语言介绍的软件，谁都知道它的用处是什么，这款iPad版万年历的的优点是界面漂亮而且免费，我就用图片来诠释它吧。

December 25

万年历

价格：免费

大小：13.6 MB

语言：中文

同类软件推荐

中华万年历

价格：免费

大小：9.8 MB

语言：中文

无线鼠标
价格：免费
大小：1.3 MB
语言：英语

同类软件推荐

USB Sharp
价格：免费
大小：3.0 MB
语言：中文、英语

无线鼠标

这是一款很有趣的工具，可以把你的iPad变成无线鼠标，准确的说，应该是无线键鼠混合体。这款软件需要你在PC上也下载一个客户端并启动它，这样你手中的iPad就会变成一个无线鼠标垫……等等！那鼠标在哪里呢？不用担心，你的手指就是鼠标，用你的手指在iPad的屏幕上滑动和点击，就能实现鼠标指针在PC显示器上的移动和点击。键盘功能很直观，你在iPad的虚拟键盘上输入的信息会传达到PC中，就像你在控制PC键盘一样。

这款软件的细节也做得不错，比如双指滑动就可以达到滚动鼠标滚轮的效果，和使用真鼠标一样方便。有了这款《无线鼠标》，你就可以坐在沙发上或躺在床上，拿着iPad遥控PC了，非常舒服。尽管这有点大材小用的味道，毕竟一套无线键鼠只要百元左右，不过你要知道这只是iPad的一个客串功能而已，用一个免费软件在必要的时候发挥作用，你就不再需要购买无线键鼠了，这不仅节省了银子，还会让你的生活更加方便。试想一下，你是觉得拿着iPad到处走舒服，还是拿着一套没有线缆的键鼠到处走舒服呢？

类似这样“大材小用”的软件还很多，比如*USB Sharp*，它可以把你的iPad变成无线U盘。U盘很便宜，可是无线U盘嘛……好像还没看到过有卖的哦？

快递速查

最开始知道这个软件是缘于一次圆桌会议，某项目负责人（其实就是在下）在汇报工作时，提到某快递延误了，至今未到，造成工作滞后，想回办公桌上网再查一下进度。领导大手一挥，说：“不必了”。只见他飞快地拿出iPad，叫我告诉他快递单号……这款iPad版的《快递速查》支持查询以下快递投递进度：圆通快递、中通快递、韵达快递、顺丰快递、天天快递、宅急送、远成物流、鑫飞鸿快递、Fedex国内、EMS、DHL，可以说将我们常用的快递公司全都涵盖了。

同类软件推荐

快递速推
价格： 1.99美元
大小： 1.3 MB
语言： 中文

快递速查

价格： 免费
大小： 1.3 MB
语言： 中文

房库
fangkoo
价格：免费
大小：9.6 MB
语言：中文

房库 fangkoo

现在商品房那么火，iPad当然也不甘落后，据说美国有一款专门为房产经纪人计算贷款的iPad软件卖到了999美元都有人买呢！在中国，免费的《房库》（*fangkoo*）是一款为购房人提供市场分析、购房知识与工具的应用平台。通过《房库》，你可及时了解中国各地房地产市场的发展状态与趋势变化，从而把握购房时机。你还可通过《房库》搜索房源，了解房源信息，并通过《房库》查看购房流程、买房过程中常见的问题及解决办法，为你在购房时提供帮助。

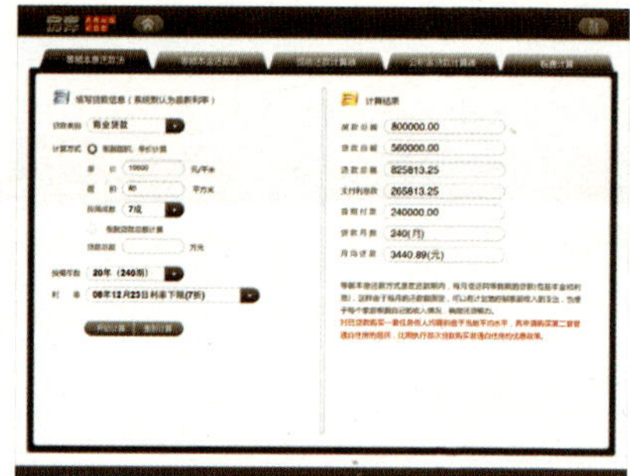

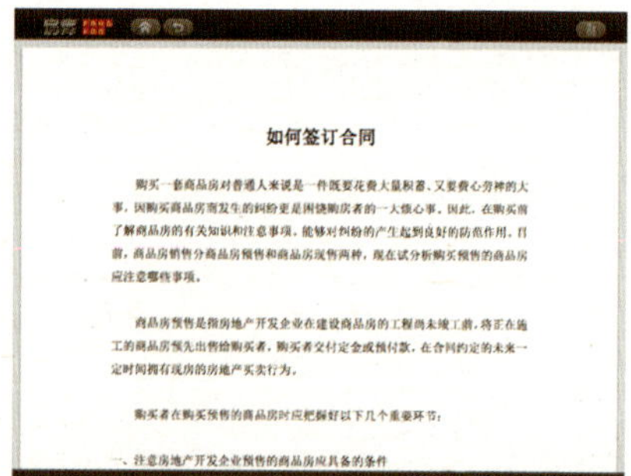

如何签订合同

购买一套商品房对普通人来说是一件既要花费大量积蓄、又要费心劳神的大事，因购买商品房而发生的纠纷更是困饶购房者的一大烦心事。因此，在购买前了解商品房的有关知识和注意事项，能够对纠纷的产生起到良好的防范作用。目前，商品房销售分商品房预售和商品房现售两种，现在试分析购买预售的商品房应注意哪些事项。

商品房预售是指房地产开发企业在建设商品房的工程尚未竣工前，将正在施工的商品房预先出售给购买者，购买者交付定金或预付款，在合同约定的未来一定时间拥有现房的房地产买卖行为。

购买者在购买预售的商品房时应把握好以下几个重要环节：

一、注意房地产开发企业预售的商品房应具备的条件

免费全国车辆违章查询

这是一款免费公益便民软件，正在不断更新中，涵盖的城市也越来越多。身为驾车一族的你肯定经常担心自己是否有违章记录，因为违章记录是不会主动来找你的，需要你自己去查询，否则就会造成逾期罚款，损失惨重。

同类软件推荐

全国机动车违章查询

价格： 1.99美元

大小： 0.9 MB

语言： 中文

免费全国车辆违章查询

价格： 免费

大小： 1.2 MB

语言： 中文

20个生活必备工具

20个
生活必备工具
价格：1.99美元
大小：105 MB
语言：中文

iPad作为信息百科全书，既方便查询也方便携带，这款《20个生活必备工具》把很多对生活有用的信息汇集成一本生活百科全书，可以显著提高你的生活质量。有大家熟悉的《新华字典》、《成语词典》，也有中华诗词与经典格言名句，我认为更有用的则是《食物相克/禁忌速查》和《家庭急救手册》这样的内容，这可不是1.99美元能换来的啊！虽然这20个工具在互联网上可能也找得到类似的知识，但是，有必要费那个神吗？别人帮我们整理好了，多棒啊！如果你对这个软件不放心，那也可以先下载一个免费版试试看，不过功能嘛，就只有完整版的十分之一咯。

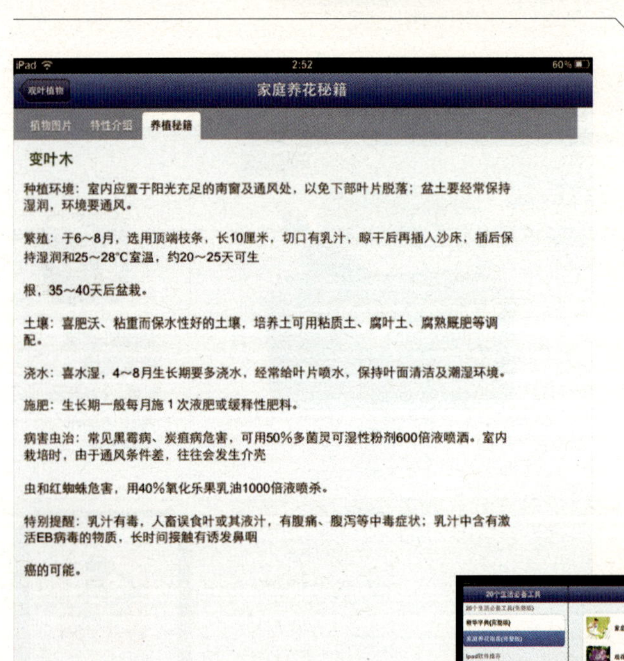

同类软件推荐

20个
生活必备工具
（免费版）
价格：免费
大小：20.3 MB
语言：中文

同类软件推荐

金山词霸3.0
价格：免费
大小：6.9 MB
语言：中文、英语

有道词典HD

《有道词典HD》是随iPad携带的多语种互译词典，为你提供即时的全文翻译服务。用数据来说话吧！超大容量的本地词库，让你在离线时也可以查询超过340 000条英汉词汇和超过330 000条汉英词汇。最重要的是，它是免费的！

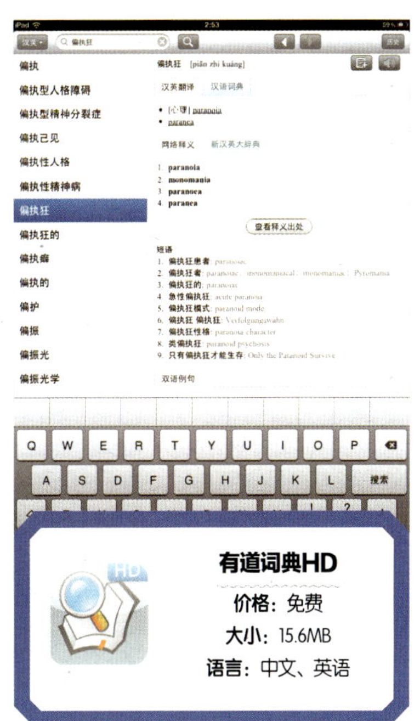

有道词典HD
价格：免费
大小：15.6MB
语言：中文、英语

免费计算器

iPad上的计算器软件很多，免费的也不少，为什么选它呢？首先，界面简洁大方；其次，功能丰富完善；第三，按键有仿真效果，就像用着真实的计算器。说真的，第三点很重要。

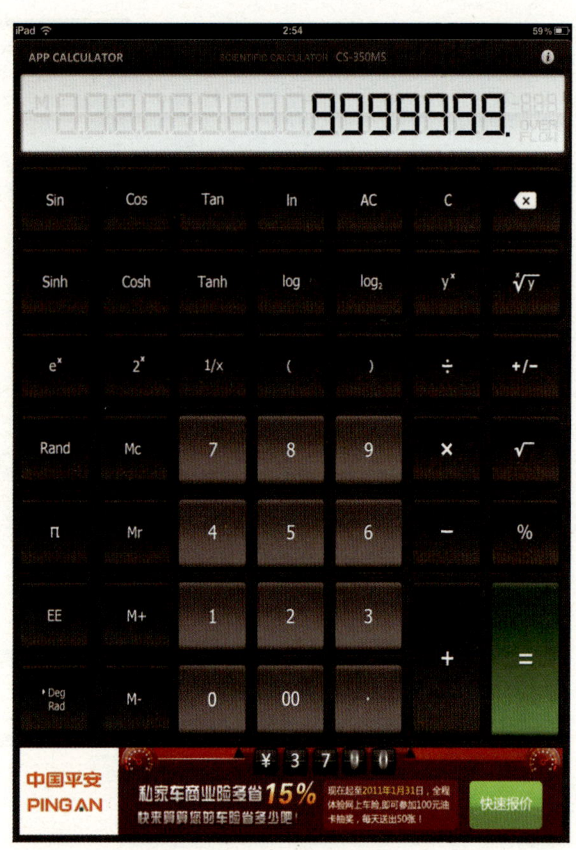

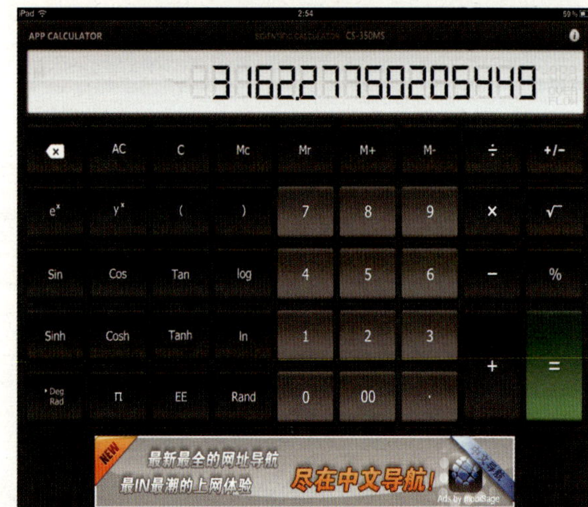

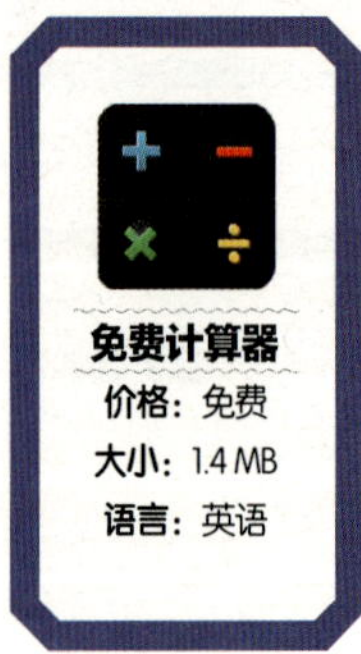

免费计算器

价格：免费

大小：1.4 MB

语言：英语

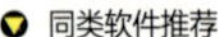

同类软件推荐

私密计算器Lite

价格：免费

大小：5.1 MB

语言：中文、英语

爱车管家免费版

价格：免费

大小：1.5 MB

语言：中文、英语

爱车管家 免费版

如今越来越多的朋友都有了自己的爱车，那么你懂得如何管理自己的爱车吗？什么时候需要加油了，每年到底产生了多少费用，你是不是经常都感到一头雾水呢？《爱车管家》为私家车车主或汽车司机提供了一个集多功能为一体的汽车记录管理工具，首先它可以记录你的加油明细，可以按月或者按年计算各个加油区间的油耗，并以折线图表示；其次，它还提供按年或按月统计各种费用的功能，方便你分析自己在汽车上的各种花费，从而达到高效使用自己资金的目的；最后，这款软件还具备了交通违章和积分查询的功能，联网后几乎可以覆盖全国每一个大中城市。

同类软件推荐

爱车管家

价格：1.99美元

大小：1.0 MB

语言：中文、英语

iPad数码相框

价格：免费

大小：20.7 MB

语言：英语

iPad数码相框

《iPad数码相框》这款软件不仅包含了基本的数码相框功能，还具有智能幻灯片播放功能。数码相框的作用不仅局限于电子照片展示，也可以作为时尚的电子时钟使用，秀出你最珍贵的照片。这是一款创意不错的软件，闲置时iPad确实可以作为“免费”的数码相框使用，而且还比普通的数码相框漂亮多了，当然，你需要给你的iPad配个支架。

定向光

价格：免费

大小：12.0 MB

语言：中文

定向光

iPhone上有一款很火的手电筒软件，而iPad上有功能更为强大的《定向光》。《定向光》结合了指南针和手电筒的功能，你可以指定不同的颜色给不同的方向。于是，黑暗中，《定向光》可以让你的iPad成为应急灯或手电筒，不仅如此，它还能帮助你识别方向，让你不再迷路。作为指南针，它不如标准的指南针软件那么直观，但确实十分另类，也更拉风。

指南针 for iPad

价格：1.99美元

大小：10.0 MB

语言：英语

指南针 for iPad

一款很实用的工具，让你时刻都能搞清楚方向，这就足够了，是不是？

第6章 潮流读客 方寸知天下

iPad最重要的一大用处就是看电子书

不仅有丰富的文字类电子书

还有可爱的有声读物

用iPad随时随地看新闻

让你时刻站在资讯的最前沿

更重要的是

虽然精神食粮的价值是无限的

但它们几乎都不用花钱

iBooks

iPad上有很多电子书阅读软件，最知名也最重要的当然就是这款苹果官方出品的*iBooks*，早期*iBooks*有很多软肋，比如不支持PDF等等。开始我还以为苹果要像拒绝Flash一样拒绝PDF，不过不能看PDF的电子书阅读器就像少了一只胳膊，残废了。同时，又有很多支持PDF格式的阅读器纷纷登上了*App Store*排行榜的前列。

如果苹果还要继续抵制PDF，那乔布斯也太傻了，不过乔布斯很聪明，于是*iBooks*经过升级后提供了对PDF的支持，确保了其在iPad应用程序里的地位。从软件角度讲*iBooks*是很出色的，因为是苹果官方的应用，兼容性和稳定性自然不成问题。功能上也日益完善，背景变色功能就很有价值，棕色背景比白色背景看起来更舒服，这一点早在PC上就流行过了。

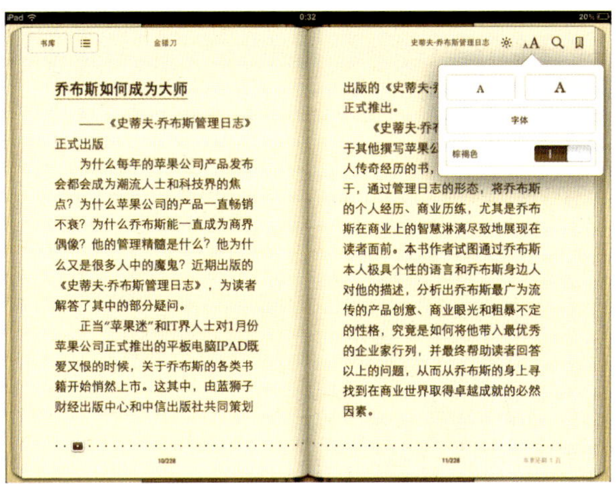

乔布斯如何成为大师

——《史蒂夫·乔布斯管理日志》正式出版

为什么每年的苹果公司产品发布会都会成为潮流人士和科技界的焦点？为什么苹果公司的产品一直畅销不衰？为什么乔布斯能一直成为商界偶像？他的管理精髓是什么？他为什么又是很多人中的魔鬼？近期出版的《史蒂夫·乔布斯管理日志》，为读者解答了其中的部分疑问。

正当"苹果迷"和IT界人士对1月份苹果公司正式推出的平板电脑IPAD既爱又恨的时候，关于乔布斯的各类书籍开始悄然上市。这其中，由蓝狮子财经出版中心和中信出版社共同策划

出版的《史蒂夫·乔
正式推出。

《史蒂夫·乔布
于其他撰写苹果公
人传奇经历的书，
于，通过管理日志的形态，将乔布斯的个人经历、商业历练，尤其是乔布斯在商业上的智慧淋漓尽致地展现在读者面前。本书作者试图通过乔布斯本人极具个性的语言和乔布斯身边人对他的描述，分析出乔布斯最广为流传的产品创意、商业眼光和粗暴不定的性格，究竟是如何将他带入最优秀的企业家行列，并最终帮助读者回答以上的问题，从而从乔布斯的身上寻找到在商业世界取得卓越成就的必然因素。

如果要说*iBooks*还有什么不足的话，那书籍资源是个待解难题，目前*iBooks*提供的官方书店里的中文书籍很少，大部分是英文著作，因此只能自己同步本地电脑上的EPUB格式的电子书文件到iPad里。虽然万全的互联网帮助我们能够找到足够的中文EPUB电子书，但苹果的理念是想让大家都去官方书店下载免费或收费的电子书，不知为何官方书店的发展进度比*App Store*差了好几个级别。当然，平心而论，这对咱们大家是好事，EPUB格式的电子书很好找，而且都是免费，几分钟就能找一大堆，什么时候能看完才是个大问题。

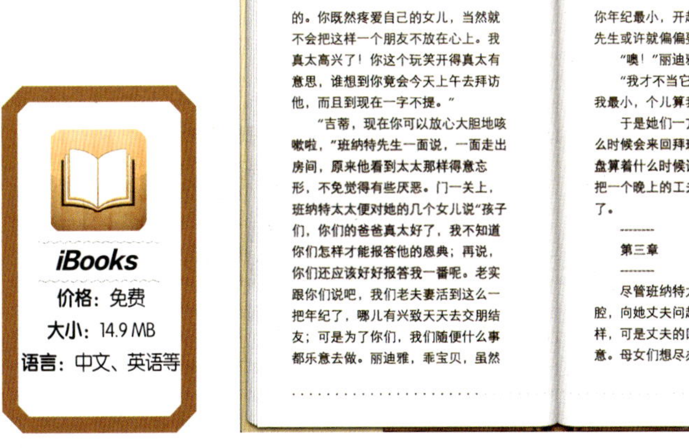

的。你既然疼爱自己的女儿，当然就不会把这样一个朋友不放在心上。我真太高兴了！你这个玩笑开得真太有意思，谁想到你竟会今天上午去拜访他，而且到现在一字不提。"

"吉蒂，现在你可以放心大胆地咳嗽啦，"班纳特先生一面说，一面走出房间，原来他看到太太那样得意忘形，不免觉得有些厌恶。门一关上，班纳特太太便对她的几个女儿说"孩子们，你们的爸爸真太好了，我不知道你们怎样才能报答他的恩典；再说，你们还应该好好报答我一番呢。老实跟你们说吧，我们老夫妻活到这么一把年纪了，哪儿有兴致天天去交朋结友；可是为了你们，我们随便什么事都乐意去做。丽迪雅，乖宝贝，虽然你年纪最小，开起跳舞会来，彬格莱先生或许就偏偏要跟你跳呢。"

"噢！"丽迪雅满不在乎地说。"我才不当它一回事。年纪虽然是我最小，个儿算我顶高。"

于是她们一方面猜测那位贵人什么时候会来回拜班纳特先生，一方面盘算着什么时候请他来吃饭，就这样把一个晚上的工夫在闲谈中度过去了。

第三章

尽管班纳特太太有了五个女儿帮腔，向她丈夫问起彬格莱先生这样那样，可是丈夫的回答总不能叫她满意。母女们想尽办法对付他……赤裸

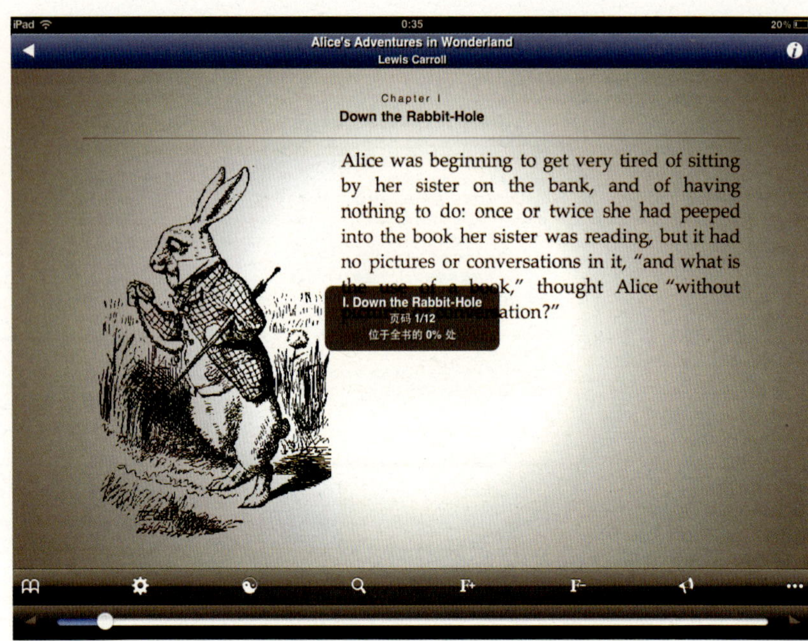

《书万卷》也是一款免费的EPUB电子书阅读器，是*iBooks*的强大对手。这款阅读器的功能非常强大，最重要的一点是支持很多在线书库，你可以直接浏览很多在线书库而无需同步本地文件，比较知名的在线书库包括"书仓"和"掌上书苑"等等。

书万卷
Stanza

"Why, *she*, of course," said the Dodo, pointing to Alice with one finger; and the whole party at once crowded round her, calling out in a confused way, "Prizes! Prizes!"

Alice had no idea what to do, and in despair she put her hand in her pocket, and pulled out a box of comfits, (luckily the salt water had not got into it), and handed them round as prizes. There was exactly one a-piece all round.

《书万卷》与*iBooks*在全球都有广泛的支持者，有人喜欢*iBooks*华丽的界面与官方品牌，也有人喜欢《书万卷》丰富便捷的资源与清爽的界面，而我是两个应用都装了，还是那句话，可口可乐与百事可乐，各有各的味。如果你不清楚自己更需要*iBooks*还是《书万卷》，那当然建议你先分别用一段时间再做决定，反正两者都是免费的，再说，两者各有优点可以互补，这也是iPad上读书软件共有的特性，包括我们在后面介绍的《熊猫看书》等等。

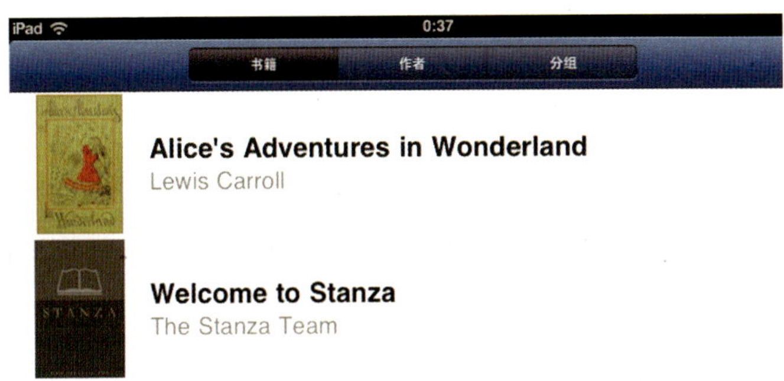

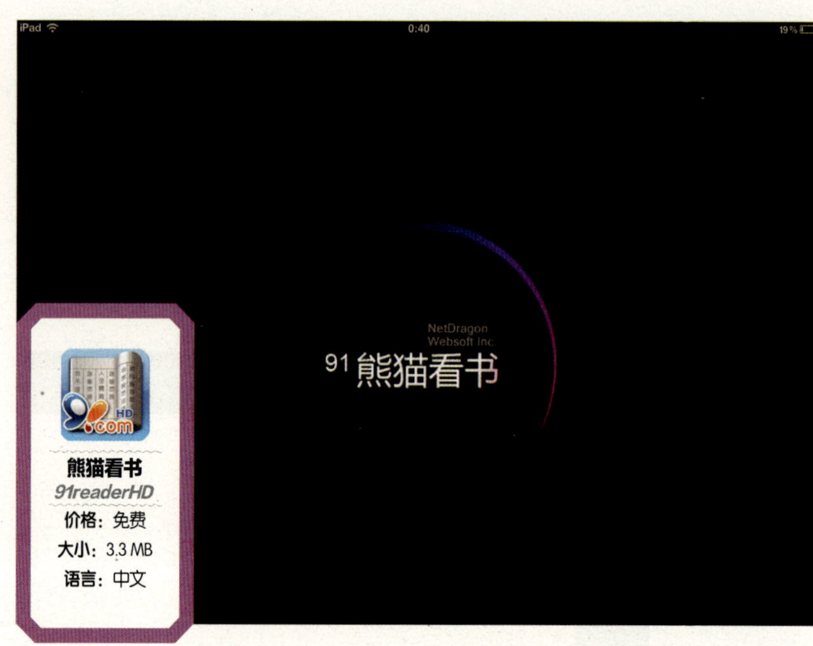

熊猫看书
91readerHD
价格：免费
大小：3.3 MB
语言：中文

熊猫看书 *91readerHD*

《熊猫看书》是网龙公司自主研发并出品的一款深受用户好评的全能免费阅读软件。《熊猫看书》具备丰富的阅读资源，已成为多家出版社、文学网、原创小说网指定的移动互联网发行唯一合作伙伴，每周有超过200家出版社、企业和个人向《熊猫看书》上千万的用户提供大量免费或收费的新闻、杂志、图书、小说与漫画。

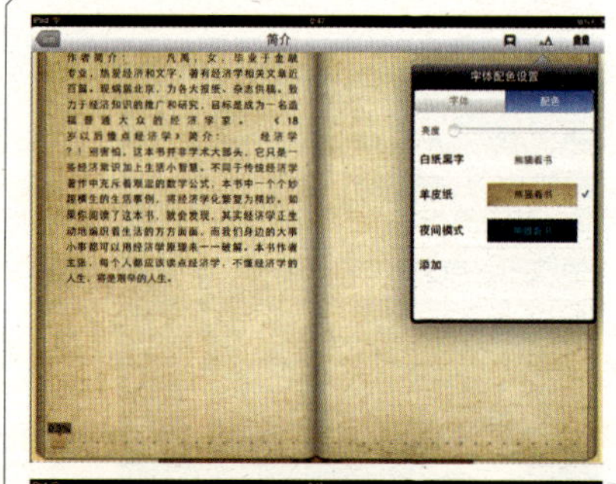

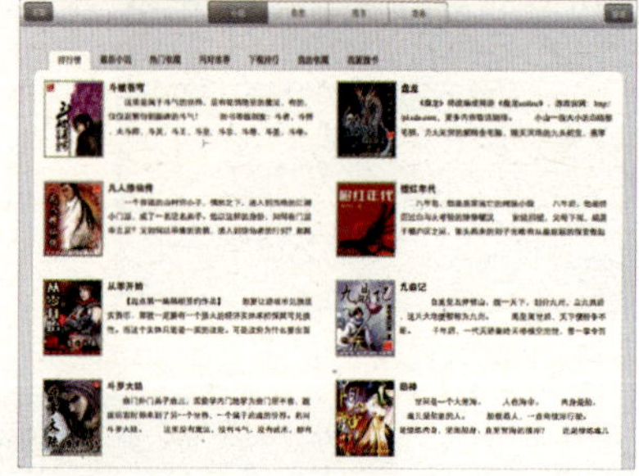

说到这里，你应该更加明白了吧，对于用户来说，不同的阅读器背后的“资源库”各不相同，如果你希望“想看什么就看什么”，那么就应该尽可能地多装几个阅读器。

读览天下HD

与图书相比，我更喜欢杂志，因为杂志提供的信息更多，更新的速度更快，并且促进我自己主动思考，而不是被动地接受某某观点。因此专门在iPad上看杂志的《读览天下HD》是喜欢杂志的我必装的应用，我把它也推荐给你。

你可以通过这个软件下载读览天下网站上的好几百种杂志和书籍，大部分的杂志都是近期期刊，虽然是收费的，但售价比杂志零售价要低得多，有了《读览天下HD》，你再也不用辛苦去跑报刊亭了，更不用为如何处置堆积如山的过期杂志、报纸发愁了。

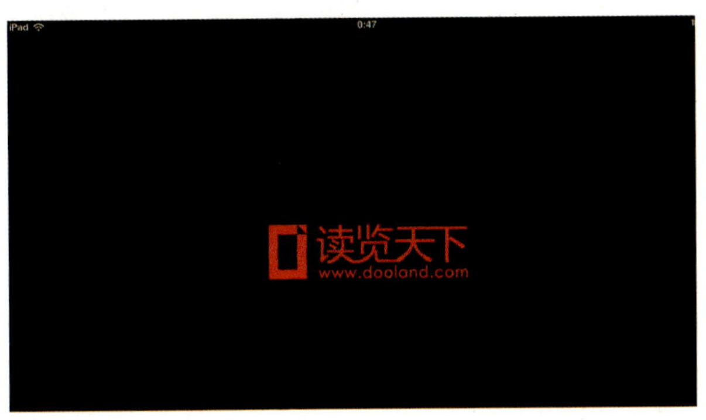

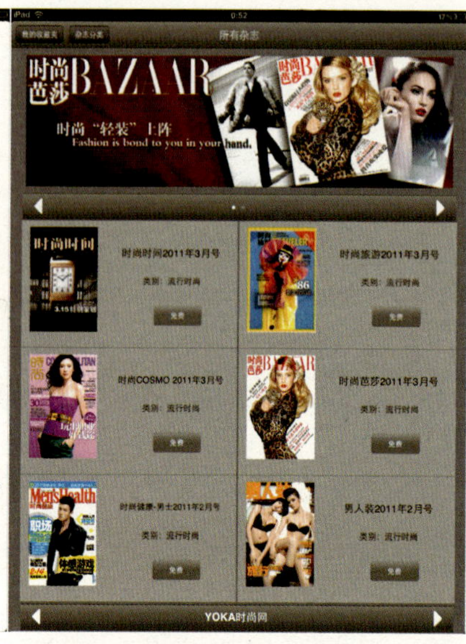

时尚杂志汇

《时尚杂志汇》是由国内知名时尚门户网站YOKA时尚网出品，主要是服务高端消费人群，旗下精品杂志有《时尚芭莎》、《时尚COSMO》、《男人装》与《时尚先生》等等。如果你是爱时尚的iPad玩家，《时尚杂志汇》一定对你的胃口。

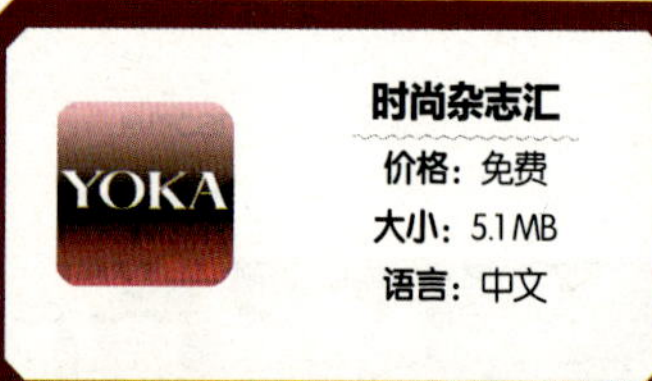

时尚杂志汇

价格：免费

大小：5.1MB

语言：中文

周末画报
iWeekly
价格：免费
大小：2.0 MB
语言：中文、英语

周末画报 *iWeekly*

《周末画报》创刊已经近30年，读者超过150万，2010年3月发布了iPhone和iPod touch版之后，获得了众多用户的好评，年底iPad版更是“千呼万唤始出来”。用iPad看《周末画报》这类杂志，比手机上的感受不知好了多少倍，视觉冲击力明显更胜一筹。

《周末画报》是我看过的iPad上最好的电子杂志之一，不仅有丰富的资讯，还可以为你提供更优雅的生活感受，的确很适合你在周末的下午静静地享用。

经典寓言故事9合1

除了电子书阅读器，iPad上还有很多制作精良的单品电子书，这些电子书在*App Store*里都能下载，多数都是免费的。

与前面提到的软件不同的是，*App Store*里的单品电子书大都是针对儿童的有声读物，画面精美，配音悦耳动听，很讨10岁以下小孩的喜欢。就算你身边没有小孩，当你看过几本iPad上的有声电子书后，你一定会感慨自己生不逢时，无法在童年时获取这样的快乐。

这套《经典寓言故事9合1》采用了生动的木偶造型，非常可爱，让孩子用自己的感情和思想去体验、理解这些精彩绝伦的故事时，从中得到的教益，必将伴随他们的一生。

经典寓言故事9合1

价格：免费

大小：27.3 MB

语言：中文、英语

宝宝童书之老虎拔牙

价格：免费

大小：27.5 MB

语言：中文、英语

同类软件推荐

宝宝童书之三只小猪

价格：免费

大小：37 MB

语言：中文、英语

宝宝童书之聪明的小羊

价格：免费

大小：27.3 MB

语言：中文、英语

宝宝童书之老虎拔牙

《宝宝童书》系列有声读物是iPad上非常优秀的教育类软件，精致的图片、优美的语言讲述了一个个生动的故事，随着情节的发展，孩子既得到了美的享受，又掌握了生活常识，还可以养成良好的生活习惯。《老虎拔牙》是《宝宝童书》系列中十分受欢迎的一本，讲述了一个森林里小动物们想办法拔去老虎尖利的牙齿的故事。这个故事告诉小朋友们：保护牙齿，要少吃糖果，同时还要早晚刷牙哦！

陪你去看海

价格：免费

大小：49.4 MB

语言：中文、英语

陪你去看海

这是一个关于梦想和坚持的故事，一只有梦想的小猪，对前路充满了好奇与热情。这个故事让你知道：乐观地去追求，大胆地去探索，坚持下去，你得到的比你想象中的还要多！

看过了iPad上很多有声读物以后，这套*iReading*系列有声读物在我眼里是最出色的，精美的图像加上生动的配音演绎，把精彩的故事内容生动的呈现在你和孩子面前，孩子喜欢，大人感动，因为这的确是有心人的作品。

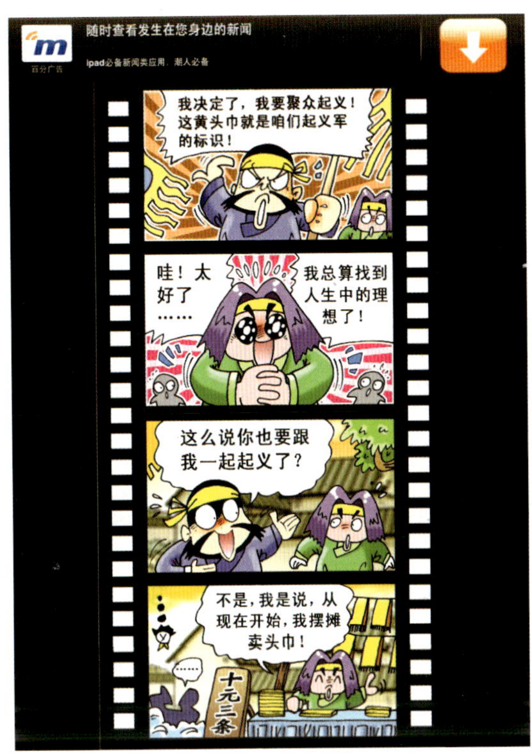

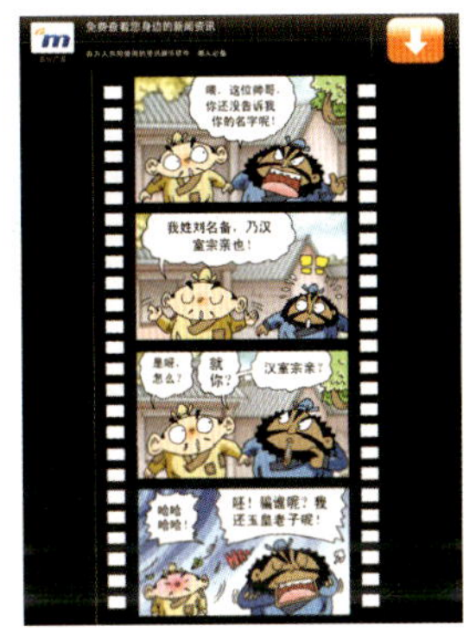

大画三国志

你喜欢三国吗？我很喜欢，从小我就熟读《三国演义》和《三国志》，嘿嘿！工作后看到一本《水煮三国》，也很有感觉。这次在iPad上看到了《大画三国志》，更让我惊叹作者的想象力实在是太丰富了！

《大画三国志》是国内新一代漫画家哈哈龙的作品，尽管题材取自三国元素，但经过改编后充满了搞笑成分，真的让人笑破肚皮。正所谓“古今多少事，都付‘笑’谈中”。

作为成年人的你，绝不应当错过这部爆笑漫画。如果是小孩子，还能更早地培养他们对四大名著的兴趣！

大画三国志

价格：免费

大小：58.6 MB

语言：中文

CCTV手机电视

在iPad上也能看CCTV了！凭借着CCTV旗下新闻、体育、娱乐、影视、音乐、动漫等强大的资源优势，这款应用为iPad用户提供了内容丰富的各类精彩节目。《CCTV手机电视》秉承了中央电视台权威、全面的特点，你随时可以通过它了解国内外各类热点事件，各类重大体育赛事，各类综艺节目。与普通电视不同的是，网络电视还具备点播功能，你不仅可以随心所欲选择直播频道，更可以随时随地点播CCTV拥有独家版权的众多精品节目。

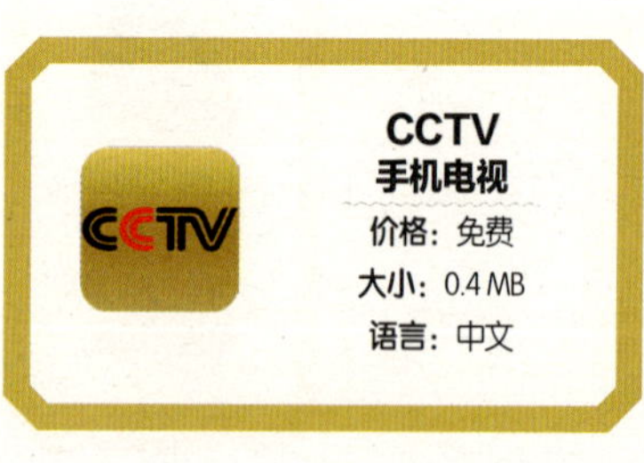

凤凰卫视
HD
价格：免费
大小：0.5 MB
语言：中文

凤凰卫视HD

以前电视上除了CCTV，我最喜欢看的就是凤凰卫视了，凤凰卫视的新闻评论更加具有全球化视野，观点也更加兼容开放。凤凰卫视的招牌节目《锵锵三人行》、《军情观察室》在这里都能轻松点播，娱乐八卦、最新MV等栏目也有大量的精彩等待着你来发掘。最后，即使是只有凤凰资讯台直播和凤凰中文台直播这两个栏目，也足以让《凤凰卫视HD》的图标永久地矗立在你我iPad的首页。

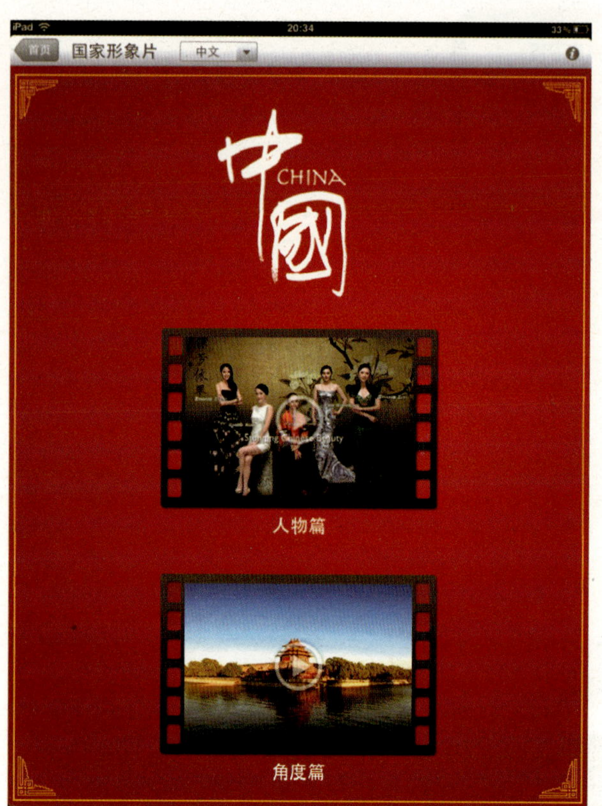

中国国新办

中国的新闻机构确实是越来越响应移动互联网时代的号召了，这一点从《中国国新办》登陆iPad就可见一斑。由国务院新闻办公室推出的《中国国新办》应用程序2011年4月出现在*App Store*后立即引起了用户的强烈反响，很快排名就蹿升至免费应用的前几名，看得出大家对这项应用还是非常喜欢的。《中国国新办》应用程序包括三部分内容：一是政府白皮书电子版，二是新闻发布会视频，三是国家形象片视频，如果你对国家大事与国家政策感兴趣，那你可以经常点击这个蓝色的图标寻找你需要的东西。

中国国新办

价格：免费

大小：13.4 MB

语言：中文

新浪新闻HD

在传统互联网的门户网站里面，新浪的新闻是做得最好的，我想你应该也有每天打开新浪网的习惯。不过传统的新浪网首页是为PC用户准备的，不是为iPad用户专门设计的，所以你很有必要再安装一个《新浪新闻HD》，这样你不但不会受到广告的困扰，也能在一个屏幕看到更多的新闻，更可以订阅自己喜欢的新闻。在移动互联网时代，打开浏览器看新闻已经不流行了，安装一个新闻应用程序才是王道。

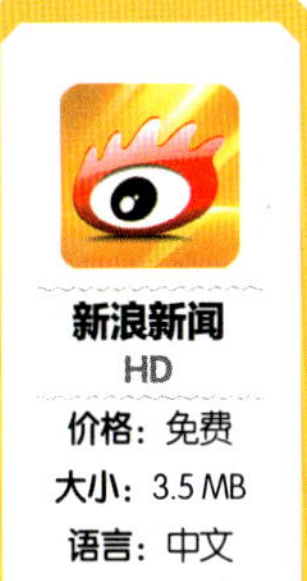

新浪新闻HD

价格： 免费

大小： 3.5 MB

语言： 中文

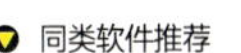

同类软件推荐

网易阅读

价格： 免费

大小： 5.0 MB

语言： 中文

腾讯爱看

价格： 免费

大小： 2.3 MB

语言： 中文

汽车之家HD
价格：免费
大小：0.5 MB
语言：中文

同类软件推荐

中国汽车画报
价格：免费
大小：17.9 MB
语言：中文

汽车之家HD

新浪、搜狐、网易都是综合性门户，而专业化的垂直门户为我们提供的资讯更加个性化，更符合我们的个人兴趣。汽车之家应该算得上是目前最大的中文汽车资讯网站，今年也推出了iPad版新闻客户端，视觉体验非常不错，而且完全同步最新的汽车之家精彩文章，某些文章新鲜程度甚至比PC上看汽车之家网站还要快。此外，用iPad的IPS屏看《汽车之家HD》里的汽车照片，绝对比PC上更加惊艳。

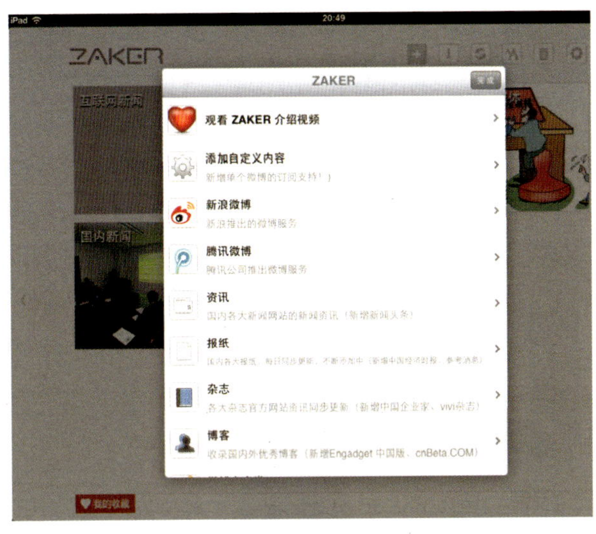

ZAKER

如果你用iPad看新闻，就不能不提到*ZAKER*。作为专门为iPad定制的阅读器，*ZAKER*将报纸、杂志、博客、新闻资讯、团购、关注话题、RSS、GoogleReader等等所有信息都聚合到一起，并进行一次封装整合，让你省去了挨个访问、寻找之苦，节省了大量的时间与精力。同时，*ZAKER*具有强大互动功能，可以对喜欢的文章进行转发、分享、评论。在iPad和微博深受欢迎、数字阅读深入人心的情况下，这款软件一经推出就大获认可，好评如潮。以此，有人曾评价，*ZAKER*是“iPad第一应用软件”。

ZAKER

价格：免费

大小：9.9 MB

语言：中文

FT中文网
iPad版
价格：免费
大小：0.1 MB
语言：中文

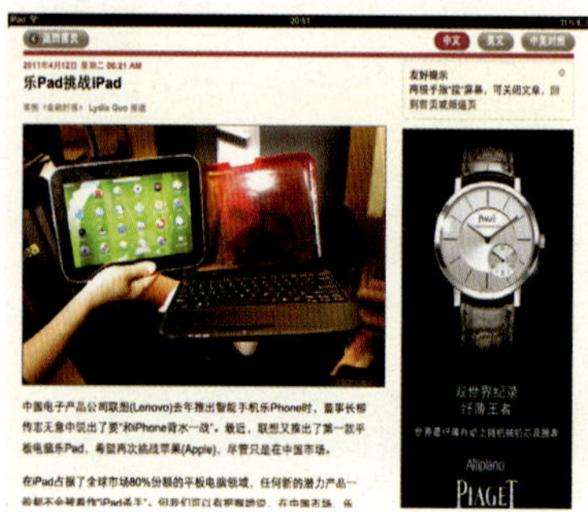

FT中文网iPad版

这是一款专门为财经爱好者量身定做的iPad应用。FT中文网是英国金融时报集团旗下唯一的中文商业财经网站，旨在为中国商业菁英和决策者们提供每日不可或缺的商业财经新闻、深度分析以及评论。FT中文网凭借英国《金融时报》遍布全球的丰富报道资源，深入分析对中国经济和全球商业具有影响力的重大事件、并揭示事件的来龙去脉，以真正富有国际视野的权威报道成为中国高级管理人员“必读”的商业财经资讯网站。如果你在PC上就经常访问FT中文网，那你必然不会忽视这个应用程序，如果你过去不曾访问，我也建议你安装一个，扩大自己的知识面。

香港文汇报

今天不论是通过街边买报纸还是用电脑访问互联网，你要想看国内的各家报纸都非常容易，在iPad上也有大量的国内报纸客户端，比如《南方周末》等等，这里就不一一列举推荐了。之所以唯独向你推荐《香港文汇报》iPad客户端，是因为香港的报纸和内地报纸还是有很多区别，在风格、视野方面确实有些独到之处。《香港文汇报》作为香港综合性大报的代表，以社会菁英为主流读者定位，因此必然会有很多你想看到的内容。同时，你也可以锻炼一下看繁体中文的能力，事实上从汉字美观角度说，看繁体中文的新闻其实比看简体中文的新闻更有“质感”。

CNN App for iPad
价格：免费
大小：3.8 MB
语言：英语

CNN App for iPad

CNN，不用介绍了吧，闻名全球的美国有线电视新闻网，CNN上有大量闻名全球的新闻栏目、商业资讯与时尚动态，在没有互联网的年代，很多人（包括我在内）都非常渴望能在电视里看到CNN这样的国际知名电视台的节目，可惜无法实现。如今我们真的应该感谢iPad，感谢互联网，让我们可以如此轻松、方便地收看国际节目。与CNN齐名的还有BBC，同样可以在iPad上看，不过看这些电视台的新闻，你可得具备足够的英语基础哦！

同类软件推荐

BBC News
价格：免费
大小：6.9 MB
语言：英语

微博
HD
价格：免费
大小：10.2 MB
语言：中文

同类软件推荐

腾讯微博HD
价格：免费
大小：12.0 MB
语言：中文

搜狐微博HD
价格：免费
大小：2.4 MB
语言：中文

微博HD

微博是什么？一千个人有一千个不同的见解，不过可以肯定的是，微博早已成为最重要的资讯载体之一，很多新闻大事件的第一手资料都是来自于关键人物的微博，没事看看微博已经成为了解国内外大事、行业动态、明星八卦、社会现象的最佳渠道之一。因此，虽然很多人也认为微博是与QQ、MSN同类的社交型应用，不过在我看来，微博是非常强大的资讯媒体，每天浏览自己微博上所关注的信息，甚至比看新闻更加重要和迫切。如果今天你都还不给自己注册一个微博账号，那你真的OUT了！

第7章 高效办公 iPad也能行

我曾经对很多人说 买iPad不是为了替代PC

而是为了给自己的生活增光添彩

这就像我有了商务西装 还想再买件夹克

我有必要让夹克和西装一样或者接近吗

不过 虽然不是为了替代PC

但这并不意味着iPad不能做PC常做的事

iWork三剑客之Pages

微软有*Windows*和*Office*，苹果有*Mac OS*和*iWork*，两家公司称得上是针锋相对。苹果电脑上的*iWork*功能不逊于*Office*，在某些领域还更为超前，如果不是因为*Windows*实在是太普及了，估计我们身边很多人平时都在用*iWork*办公呢……好了，废话不多说！苹果公司在第一时间就为iPad提供了iPad版的*iWork*，毫无疑问，*iWork for iPad*是目前iPad上最好的办公软件，同时也是苹果为iPad量身定做的旗舰级应用，*iWork for iPad*的三个软件大小都没有超过70 MB，但是却集精华于一身，基本实现了简单而强大的移动办公功能。

我们先介绍的是*iWork*系列中最基础的*Pages*，类似于PC上*Word*的功能，*Pages*已经基本实现了一款办公软件应该具有的全部功能。用过苹果电脑上的*iWork*的朋友一定很清楚，*Pages*比较容易上手，跟PC上的*Word*没有太大区别，而作为iPad版的移动办公应用，我惊喜地发现这个软件的功能要比过去手机上的*Word Mobile*强太多了！

经过测试，*Pages*能顺利打开*Word* 2003和*Word* 2007两种格式的文件，排版、色彩、格式上都不会有什么失真。与PC版*Word*越来越复杂的界面相反，*Pages*给人一种简单、清爽的感觉。事实上真正能充分利用PC版*Word*各种功能的专业人员是非常少的，从这方面看*Pages*带来的理念甚至还值得往PC方向延伸，让我们的PC应用也更加简化。

当然，平心而论，在iPad上用*Pages*处理文稿，与PC还是有一定差距的，一方面屏幕小了一些，另一方面虚拟键盘的手感终究比不过实体键盘，如果要专门为iPad改善上述两个指标，那花费的资金实在太高，有些得不偿失。因此iPad上的*iWork*并不是PC办公的替代品，而是在移动环境下的有益补充，让我们在没有条件使用PC的地方也能够继续我们的工作。

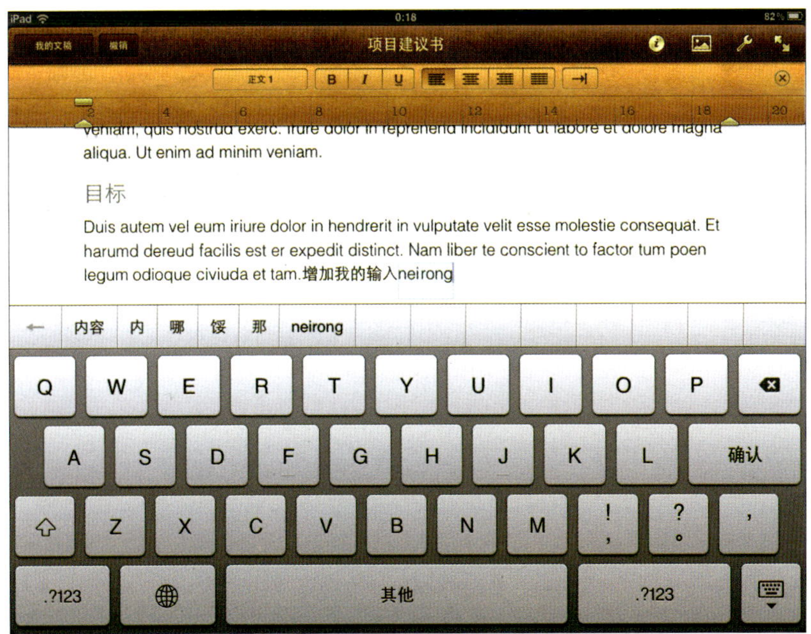

iWork三剑客之Nu mbers

价格：9.99美元

大小：69.9 MB

语言：中文

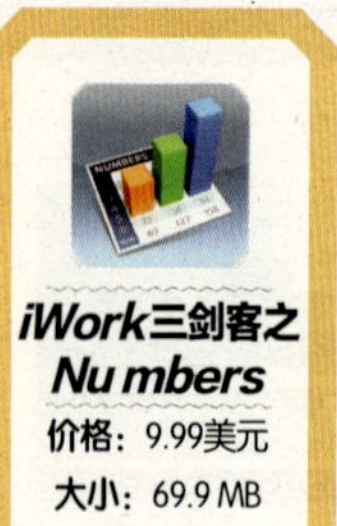

iWorks三剑客之Numbers

*Nu mbers*可以理解为iPad上的Excel，在PC上你是用鼠标和键盘制作表格和图表，而在iPad上你只需轻点几下手指即可。从应用角度来看，iPad的操作环境更适合*Numbers*这样的办公应用，因为这里不需要过多的文字输入与排版处理，更多的是体现在数字的录入上，此时iPad较小的屏幕与虚拟键盘似乎不会对你的操作构成什么障碍。

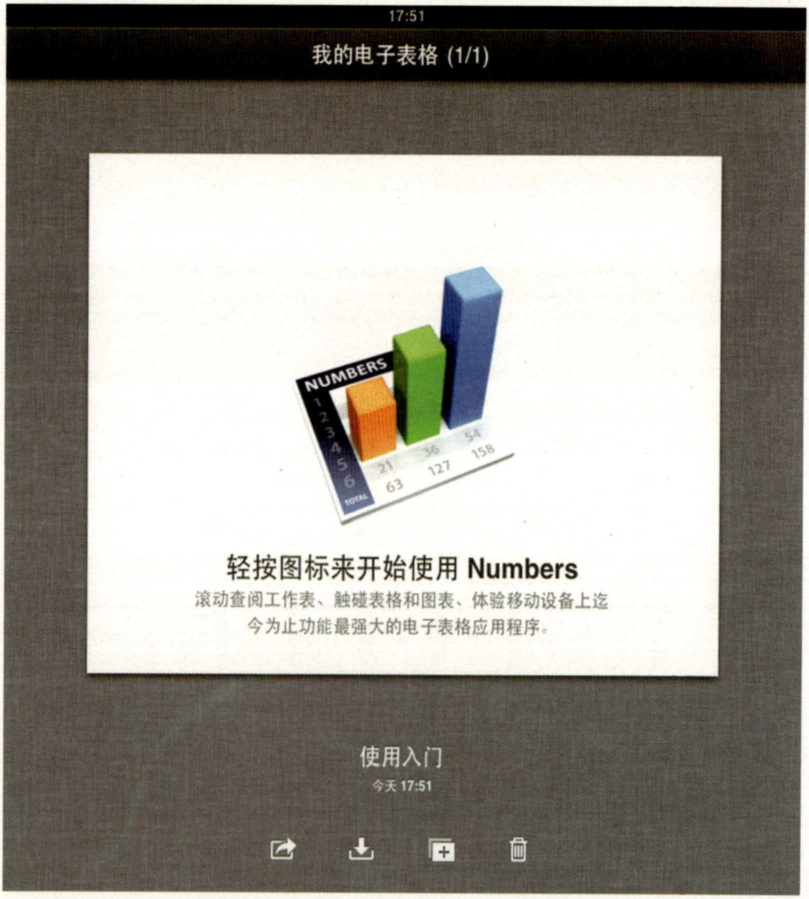
17:51
我的电子表格 (1/1)
NUMBERS
轻按图标来开始使用 Numbers
滚动查阅工作表、触碰表格和图表、体验移动设备上迄今为止功能最强大的电子表格应用程序。
使用入门
今天 17:51

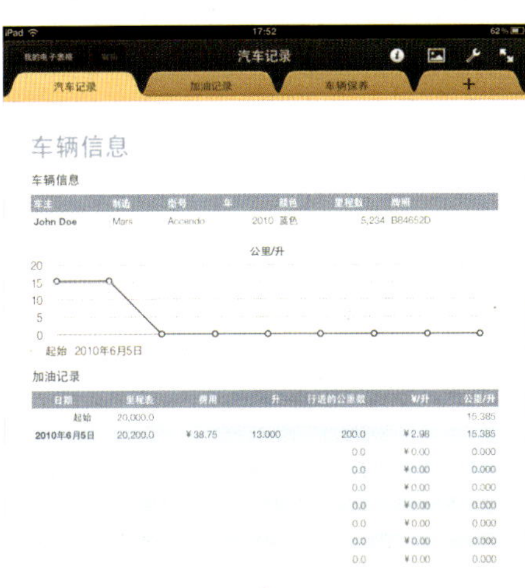

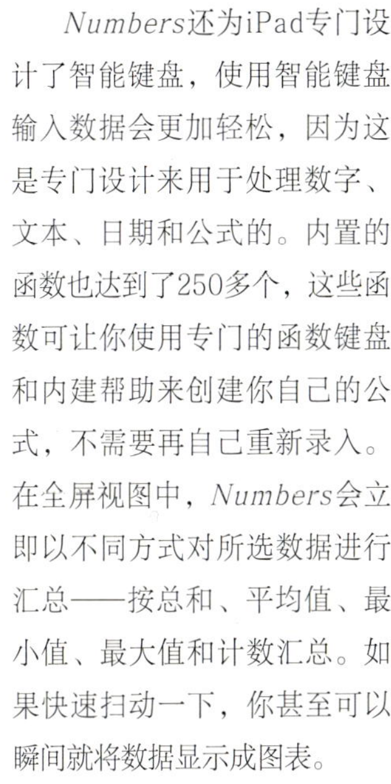

*Numbers*还为iPad专门设计了智能键盘，使用智能键盘输入数据会更加轻松，因为这是专门设计来用于处理数字、文本、日期和公式的。内置的函数也达到了250多个，这些函数可让你使用专门的函数键盘和内建帮助来创建你自己的公式，不需要再自己重新录入。在全屏视图中，*Numbers*会立即以不同方式对所选数据进行汇总——按总和、平均值、最小值、最大值和计数汇总。如果快速扫动一下，你甚至可以瞬间就将数据显示成图表。

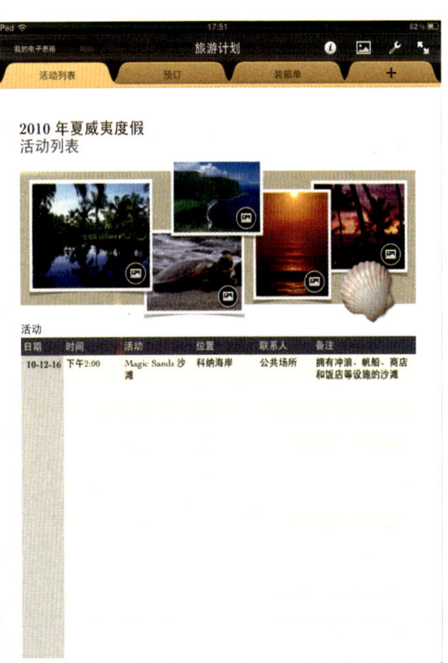

总的来说，*Numbers*绝不是简单地把台式电脑上的应用移植到了iPad上，它为iPad的各种特性做了诸多优化，你在使用过程中随时会感受到这些优化。同样的，经过我的测试，*Numbers*能完美地打开和编辑Excel文件，实现了与PC的无缝兼容。不论是*Numbers*还是*Pages*，只要你是需要用iPad进行办公而不是纯粹的娱乐，它们都是值得你拥有的好帮手。对了，差点忘了介绍*iWork*三剑客的第三位主角了，它就是同样倍受好评的*Keynote*。

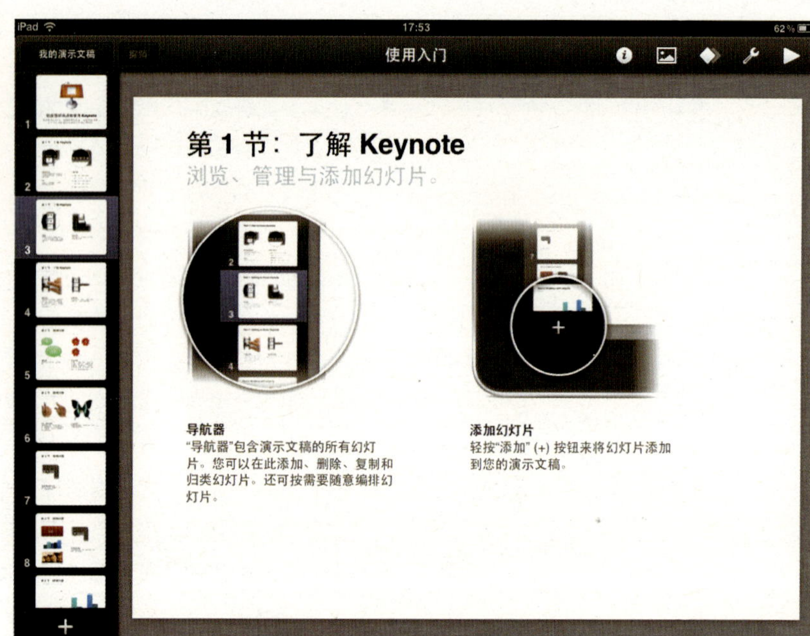

iWork三剑客之Keynote

与其他两位主角一样，*Keynote*作为*Powerpoint*的竞争对手，在国内完全没有后者风光，不能不说操作系统对办公软件的影响实在是太大太大了！说起*Keynote*，或许任何针对软件的描述都比不上谈一谈它的代言人更具说服力。

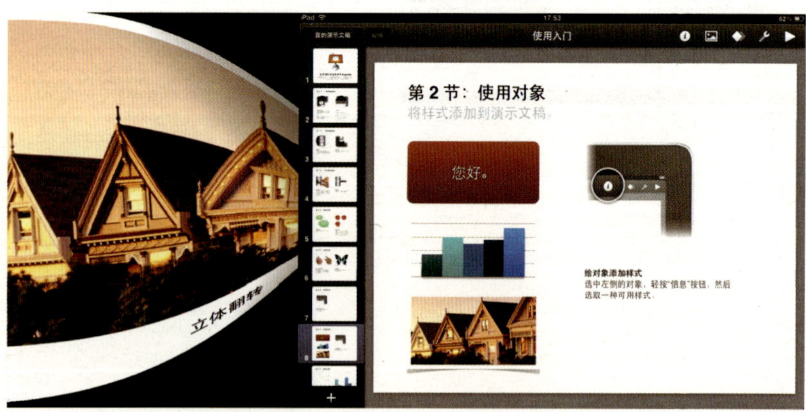

第 4 节：播放您的幻灯片

您新制作的演示文稿就要开播了！

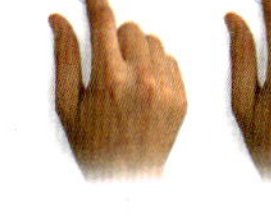

播放您的演示文稿
轻按工具栏中的"播放"按钮，演示文稿将以全屏幕方式播放。

播放过程中浏览演示文稿
轻按一次或向左推送来转到下一张幻灯片，向右推送来返回到上一张幻灯片。现在就试试，立即体验 Keynote 生动的过渡效果。

*Keynote*的代言人不是别人，正是大名鼎鼎的苹果公司精神领袖乔布斯！乔布斯每一年的演讲都是IT业界乃至全球最受人瞩目的演讲，乔布斯每一次演讲用的软件都是*Keynote*！

很多人都分析过乔布斯的“魔力演讲”为什么具有如此大的魅力，总结以后，很重要的一条就是乔布斯用的幻灯片制作得非常成功。演讲时的幻灯片应该简洁、醒目、立意明确，而且不能有过多的文字。乔布斯的幻灯片往往是一页只有一个单词，一个数字，一张图片，但就是这样的幻灯片再加上他出众的口才，奠定了他演讲圣人的地位。成熟的演讲者应该对于自己的演讲内容成竹在胸，千万不要在幻灯片里复制自己准备演讲的文字内容，遗憾的是，真正能做到的人寥寥无几，你和我真都应该好好反省一下。

言归正传，*Keynote*的特点已经被乔布斯完美地诠释了，轻巧、简洁，但又具备应有的功能。复杂还是简单，其实全在于你！

Office² HD

如果你对苹果*iWork*不感兴趣，而且认为30美元的价格太贵，那你也可以将*Office*“搬”到iPad上，*Office² HD*只需要7.99美元，就如同在iPad上安装了一个精简版的*Office* 2007。*Office² HD*可以用你的iPad处理doc、docx、excel、ppt、pdf、txt等PC上常用的文件格式，功能上虽然比不过PC版的*Office*，但对于普通的办公应用已经是绰绰有余了。

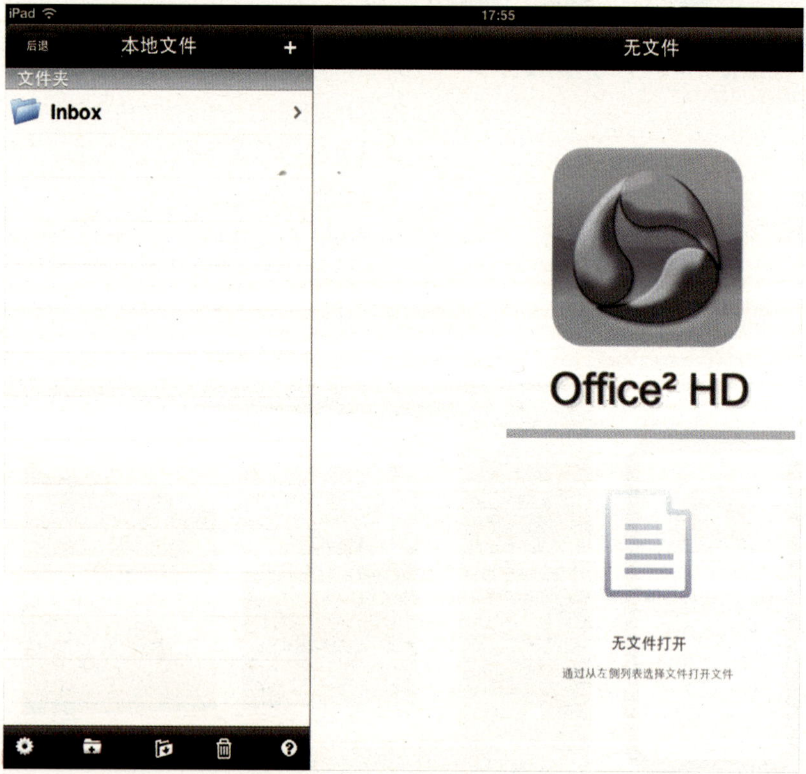

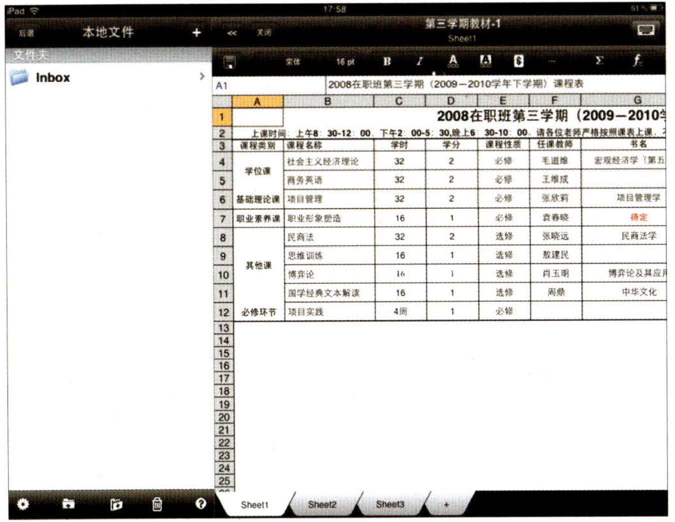

在文件传输方面，*Office² HD*也相当方便，不仅可以通过*iTunes*传输，还具有WiFi双向传输文件的功能。虽然*iWork*是苹果官方大力推荐的旗舰级应用，但我个人倒是认为，如果*Office² HD*还能够不断强化，提高兼容性、稳定性和功能，那么对于很少用苹果电脑进行文字处理工作的国内主流用户来说，*Office² HD*的应用范围和性价比明显更高一筹！

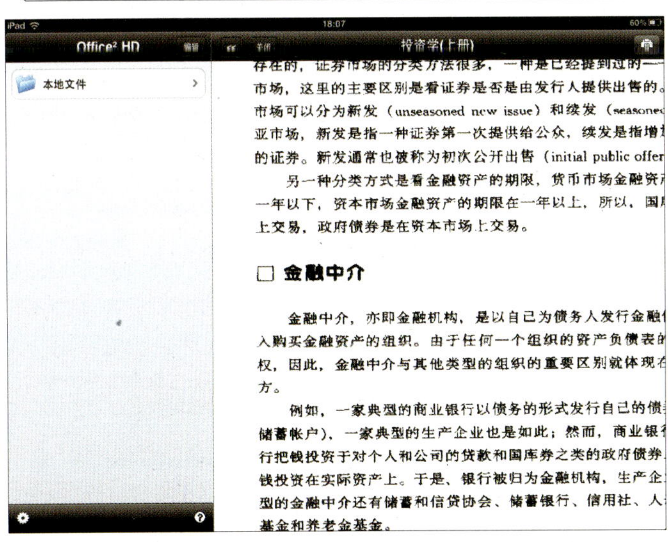

存在的，证券市场的分类方法很多，一种是已经提到过的—
市场，这里的主要区别是看证券是否是由发行人提供出售的。
市场可以分为新发（unseasoned new issue）和续发（seasonec
亚市场，新发是指一种证券第一次提供给公众，续发是指增
的证券。新发通常也被称为初次公开出售（initial public offer

另一种分类方式是看金融资产的期限，货币市场金融资
一年以下，资本市场金融资产的期限在一年以上，所以，国
上交易，政府债券是在资本市场上交易。

□ 金融中介

金融中介，亦即金融机构，是以自己为债务人发行金融
入购买金融资产的组织。由于任何一个组织的资产负债表的
权，因此，金融中介与其他类型的组织的重要区别就体现在
方。

例如，一家典型的商业银行以债务的形式发行自己的债
储蓄帐户），一家典型的生产企业也是如此；然而，商业银
行把钱投资于对个人和公司的贷款和国库券之类的政府债券
钱投资在实际资产上。于是，银行被归为金融机构，生产企
型的金融中介还有储蓄和信贷协会、储蓄银行、信用社、人
基金和养老金基金。

金山快盘iPad版

iPad的封闭是一把双刃剑，如果要细数封闭的坏处，估计不少朋友会认为“传文件麻烦”是首当其冲的。由于iPad不支持USB直接传输文件，必须通过*iTunes*同步或用专门的应用程序同步专门的文件，很多时候确实会让人感到不太方便。好在*App Store*上有着各种各样的软件帮助我们解决难题，对于“传文件麻烦”这个难题，我发现了一个好用的免费软件——《金山快盘iPad版》。

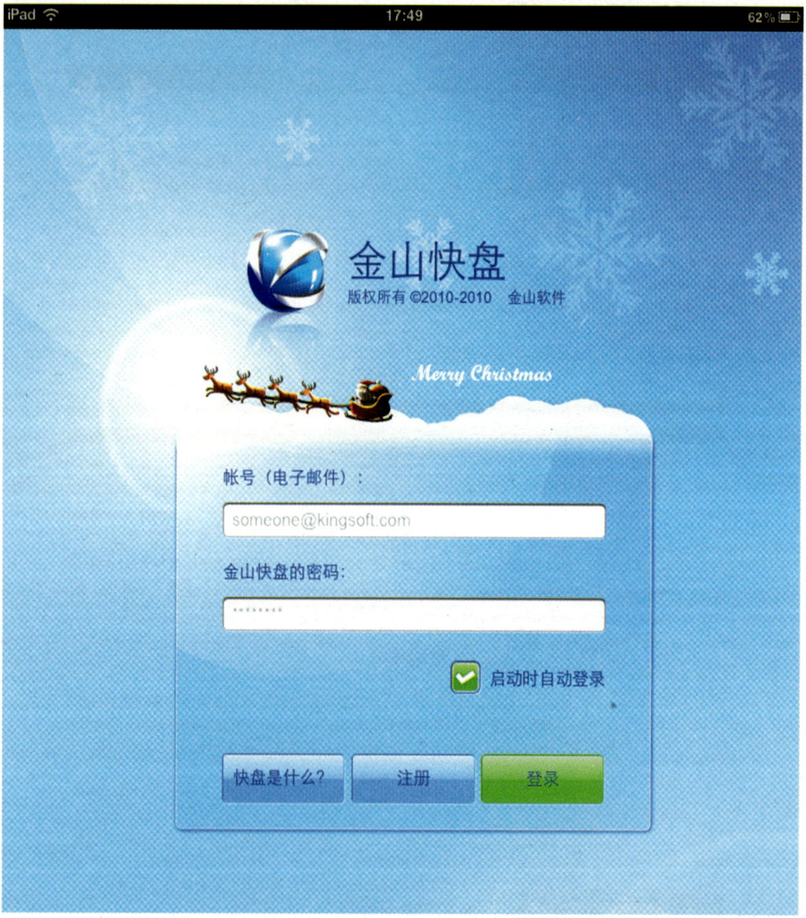

在iPad上安装了《金山快盘iPad版》之后，相当于在PC和iPad之间架设了一座桥，PC上的文件可以自动地“流”到iPad上，在iPad上的文件也可以自动地流动到PC上去。此外，iPad上的《金山快盘iPad版》既可以直接打开快盘里我的常用文件进行查看，也可以把文件传输到*GoodReader*等iPad程序中打开，真可谓既强大又快捷。

同类软件推荐

微盘
价格： 免费
大小： 4.5 MB
语言： 中文

要想让文件自动“流”到iPad上，当然首先要在PC上做一个准备工作，那就是在PC上安装PC版的《金山快盘》。事实上，过去对于《金山快盘》这样的网络存储客户端软件，我并不是十分感冒的，但当我用上iPad以后，我才真正体会到了网络存储的巨大价值。平时工作的文档，都可以直接存放到PC上的对应目录，这样就可以省去拷贝文件到快盘的动作，又可以随时随地打开iPad查看PC上的工作文档了。

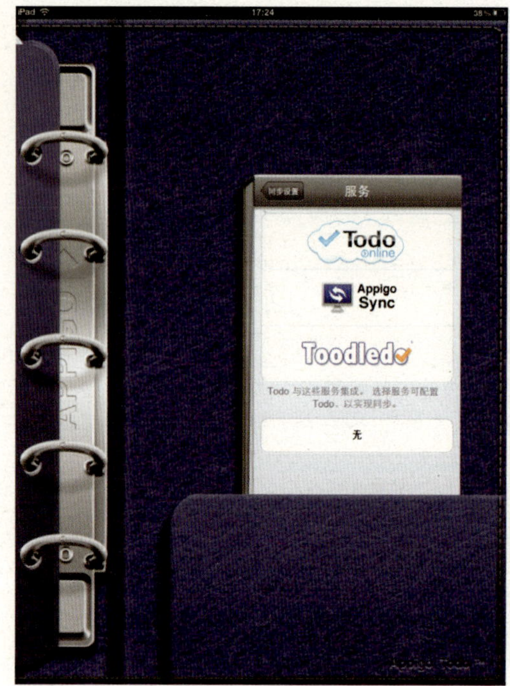

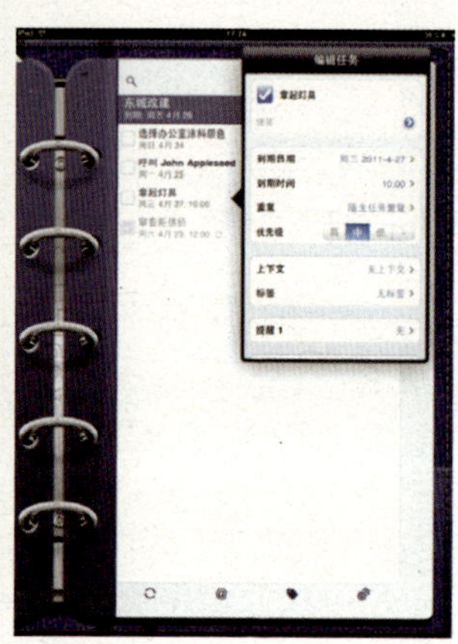

任务管理 *Todo for iPad*

在日常生活和工作中，你是不是经常需要同时处理很多件琐碎的事务呢？管理这些事务会让人的大脑增加很多负荷，而且还很容易出现顾此失彼的现象，因此借用iPad帮助你进行任务管理是很有必要的。这款《任务管理》的中文名其实远不如它的英文名——*Todo*那么响亮。Macworld AppGuide的编辑给它的评语是——“*Todo* 棒极了！我试过不少iOS任务管理应用程序，迄今让我满意的只有*Todo*。”不论是口碑还是下载量，*Todo*都高居*App Store*里任务管理类软件的首位。

*Todo*帮你管理好生活、工作中琐碎的事情，使你忙碌而不“盲碌”。很多时候你会发现自己想做的事情很多，但通常忘了去做，所以你会把这些事情写下来，但即使是写下来，你也不一定去做，因为事情太多，不知道从何做起……*Todo*就能帮你解决这些难题，先是提醒你把想做的事情一一写下，继而你可以对它们进行归类、排序（按紧迫性、重要性等），帮助你化繁为简，理清脉络，从而让你成为一个更加高效和言而有信的人。

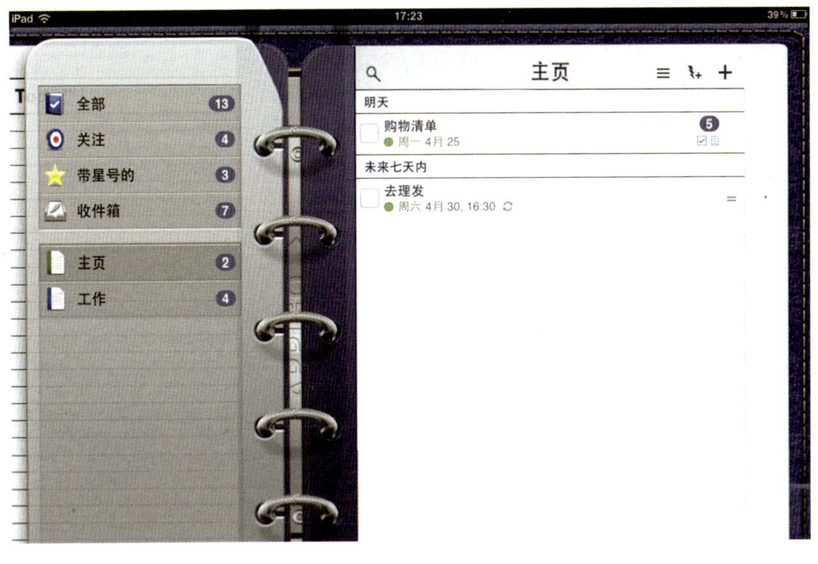

Todo背后的理论基础是时间管理，这是很多商学院的必修课，不论你是学生、初出茅庐的职业人还是企业高管，时间管理都是值得你时刻学习和深入研究的，时间管理做得好，你必将成为一个更成功、更受人欢迎和尊重的人！做好自己的时间管理，先从Todo开始吧！

同类软件推荐

乐顺备忘录
价格：4.99美元
大小：23.2 MB
语言：中文、英语等

任务管理
Todo for iPad
价格：4.99美元
大小：9.6 MB
语言：中文、英语等

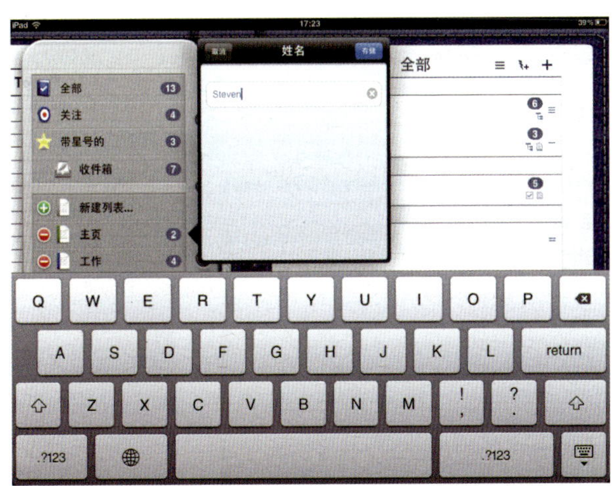

个人理财 *Money for iPad*

要想管理好家庭财务，首先就得把收入与支出明细详细记录下来，并做好数据分析，调整未来的理财方式。如果你还在用传统的纸质笔记本记账，那实在是太落后啦！有那么好的记账管理软件，为什么不用呢？《个人理财》（又名《小熊理财》）是一款简单、实用的理财软件，特别适用于现金理财，让你的收入来源和支出用途都一目了然，从而更有计划的进行理财。

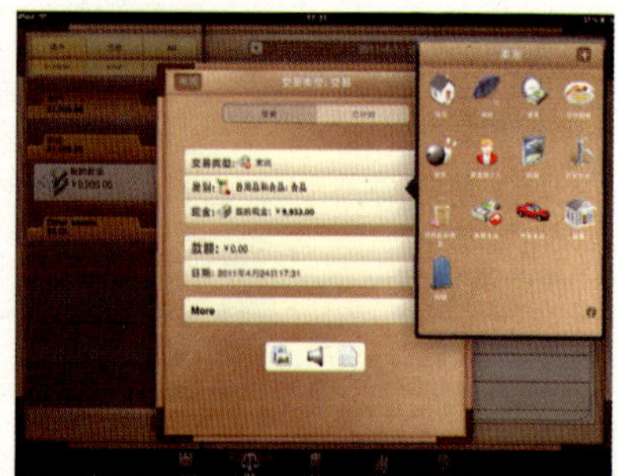

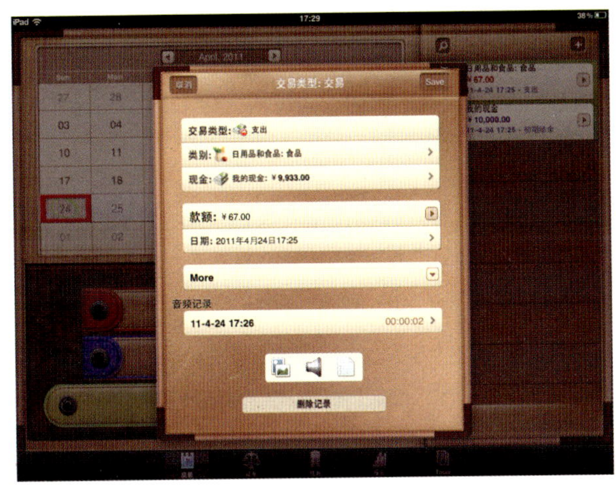

这款《个人理财》给我最深刻的印象就是它非常人性化，预算、实际发生、各类明细、资产负债、结余、图表显示……让人一目了然，对于收入与支出的类别也可以随意更改，不同职业、不同背景的人都可以很快上手，无需专门学习，也无需去生搬硬套地适应。这款《个人理财》绝对是iPad上同类软件的佼佼者，而且支持原生中文，这在*App Store*里还不多见。

同类软件推荐

Pocket Money

价格：4.99美元

大小：6.8 MB

语言：中文、英语等

个人理财

Money for iPad

价格：9.99美元

大小：22.5 MB

语言：中文、英语等

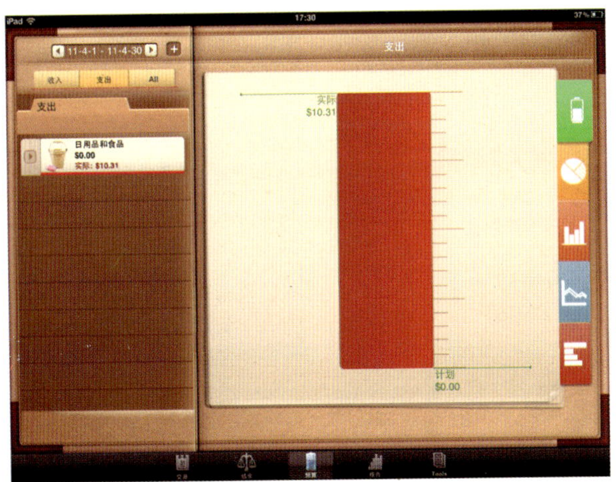

UPAD

过去在iPhone或iPod Touch上，虽然有一些不错的笔记软体，不过始终受限于屏幕大小，使用起来总有点美中不足的感觉。屏幕更大的iPad横空出世以后，笔记类型的应用软件在iOS上也更有发挥的空间了。这款*UPAD*是iPad上最火爆的笔记应用软件（个人认为*UPAD*这个名字也起得太好了，感觉就像iPad专属一样），有着强大完整的功能，还支持图片和PDF档输入，足以让iPad成为你的随身记事本。

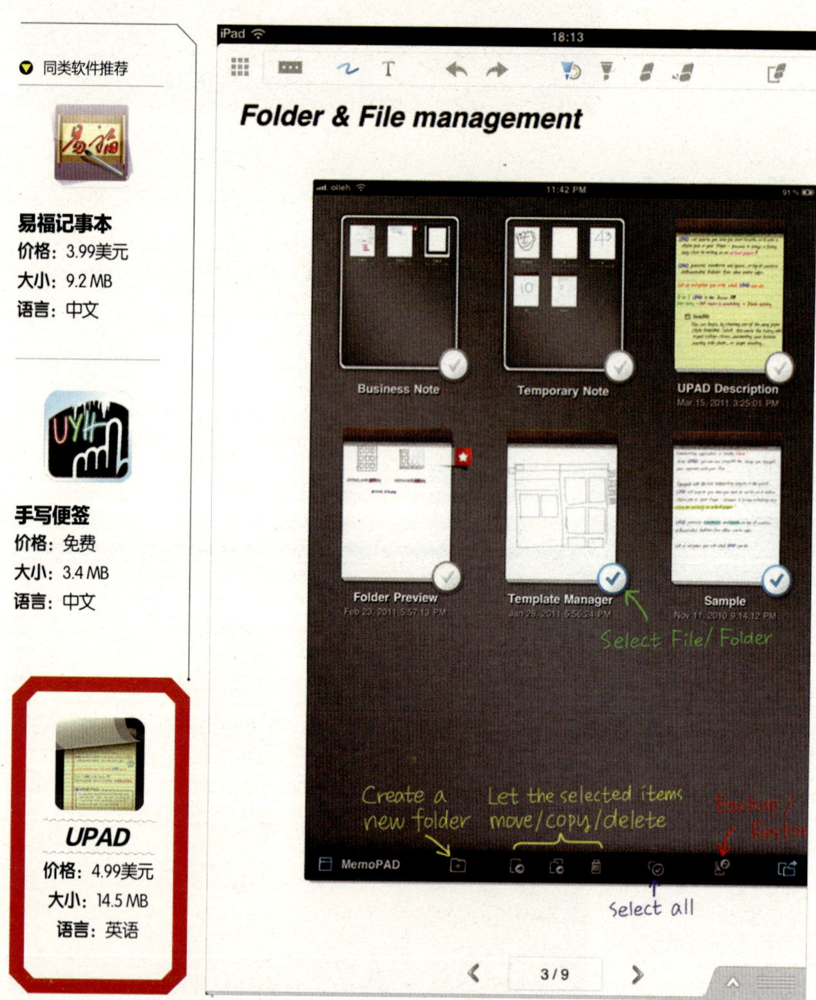

UPAD不仅可以用键盘输入，还能够让你手写输入，尽管你用手指写出的字体不一定那么好看，但当你看到一个个“歪瓜裂枣”的文字出现在屏幕上，你顿时会感觉这些字非常可爱。由于是自己写的，辨认起来也格外容易。UPAD还有着简单好用的涂鸦工具，可以运用在课堂或读书笔记，也适合运用在会议记录等各种工作场合。

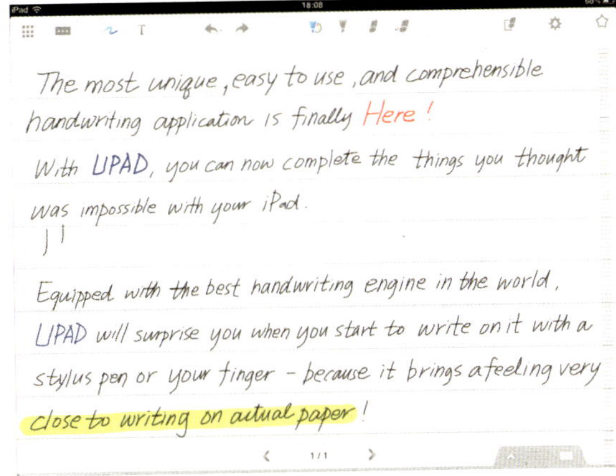

功能强大的UPAD也能汇入PDF文档，不仅可以作为iPad上的PDF阅读器，还可以使用涂鸦工具在上方注记。此外，加入照片当然也没问题，UPAD同样可以让你在照片上方进行涂鸦和书写。自打UPAD火了以后，支持手写输入、并保留原汁原味手写体的小软件就越来越多了，比如《易福记事本》和《手写便签》，你也可以安装一个试试。

招商银行
掌上生活
价格：免费
大小：2.7 MB
语言：中文

招商银行掌上生活

《招商银行掌上生活》是国内第一个真正适配iPad的银行客户端软件，对于使用招商银行信用卡的iPad用户来说，它可以让iPad变化成强悍的“掌上生活中心”，集网络购物、支付业务和掌上金融为一身，是改善生活质量、提高生活效率的一大利器。

同类软件推荐

e动交行HD
价格：免费
大小：1.6 MB
语言：中文

你可以通过iPad搜索你所持信用卡独享优惠礼遇的商户信息，餐饮、购物、娱乐、生活服务、无限白金独享样样俱全；你还可以通过iPad为你和家人、朋友的手机充值缴费，或者在招行移动商城挑选或兑换你喜欢的商品。用iPad支付，用iPad买电影票，用iPad寻找最近的招行服务网点……几乎你能想到的功能，《招商银行掌上生活》都能为你实现。

信用卡为我们的生活提供了很多方便，如今是移动互联网的时代，移动生活，移动消费，移动支付——信用卡的用法也该进入到2.0的时代了。

充值说明

1. 充值范围：中国移动全国、全品牌；中国联通全国、全品牌；中国电信全国、全品牌。

2. 充值金额：100、200、300、500元。

3. 充值说明：最终到账以实际时间为准。请拨打当地运营商的客服电话确认。如果遇到超时未到账的

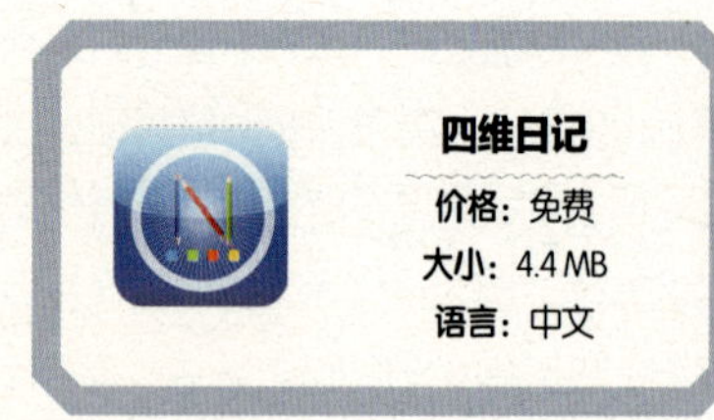

四维日记

很多朋友都有写日记的习惯，我老婆甚至是从中学至今一直坚持写日记并保留日记，十几个日记本分散在新家、娘家，虽然很有怀旧情调，但查找起来毕竟不太方便。这款《四维日记》与其他日记软件最大的不同就在于左边日期栏，可以根据年、月自动归档，这样日记查找起来就非常方便和清楚了。老婆问我，几年后这个iPad不能用了怎么办呢？我说不用怕，咱们到时候再买个iPad 5或iPad 6，把数据转移到新机器上就行了，反正咱们这辈子是离不开这玩意儿了，嘿嘿！

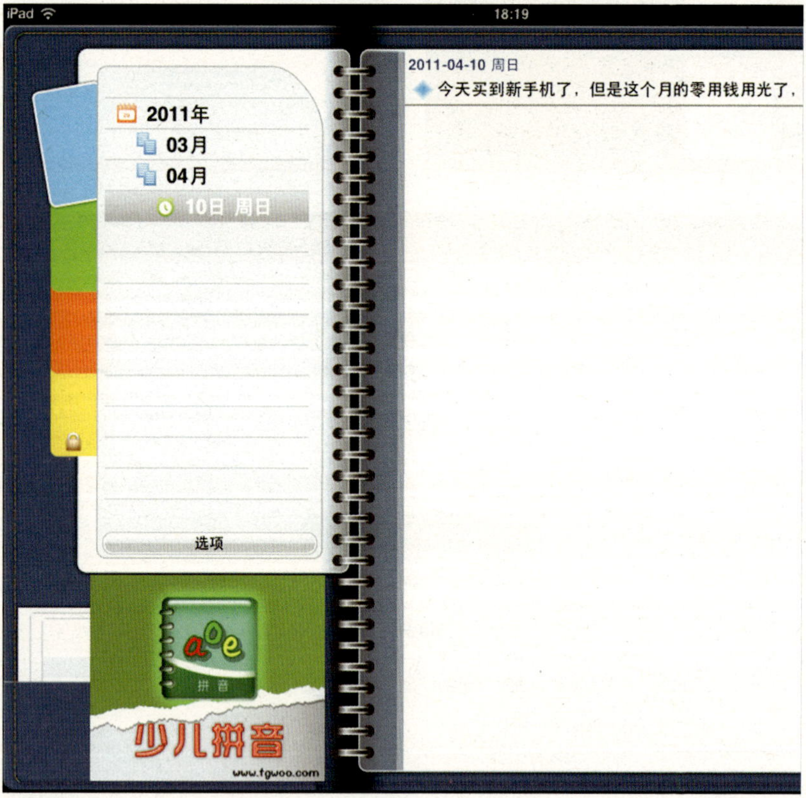

AutoCAD WS

AutoCAD WS

价格：免费

大小：10.8 MB

语言：中文

同类软件推荐

CADView

价格：免费

大小：0.5 MB

语言：英语

对于设计一行来说，买了iPad，不装*AutoCAD WS*，那真是浪费了iPad，也负了AutoDesk的一片心意，PC版的AutoCAD是非常昂贵的，而iPad版的*AutoCAD WS*却是免费。如果你暂时还想象不到iPad版的*AutoCAD WS*有多么宝贵，那么请看下面这位专业工程师是怎么说的："有了iPad和*AutoCAD WS*，偶再也不怕那些客户偷取偶的设计了，以前给客户看设计都需要传到他的电脑，很多客户看了就不付钱了，现在可不一样，偶只传到iPad上给客户预览，看吧，一切还在偶掌握之中。"看看，多棒！而且*AutoCAD WS*还可以给现有的DWG文件做简单的操作和修改，这对于设计之初与同事、客户沟通实在是太给力了！

倒数日 *Days Matter for iPad*

不论是在PC还是手机上，“倒数日”总会是一个非常有用的功能——老婆生日还有多少天？还信用卡账还有多少天？发工资还有多少天？宝宝下次打疫苗还有多少天？距离世界末日还有多少天……有了这样一个小工具，生活中重要的日子、重要的事件再也不会错过了。这款iPad版的《倒数日》功能非常强大，长期占据着*App Store*排行榜里免费中文效率软件的第一位。借助iPad的大屏幕与方便的输入法，iPad版的《倒数日》要比手机上好用得多，加上iPad时刻不离身的移动性，未来只需要将iPad作为生活中“倒数日”的唯一记录工具是最爽的解决方案。

倒数日
Days Matter for iPad
价格：免费
大小：4.4 MB
语言：中文

同类软件推荐

大智慧for iPad

价格：免费

大小：2.7 MB

语言：中文

同花顺HD

你用电脑炒股吗？现在用iPad也可以了！《同花顺HD》是iPad上一款非常好用的炒股软件，在操作上针对iPad的触摸屏做了优化，用起来就像PC上的键鼠一样直观方便。这款软件支持沪深行情、全球股指、港股、期货等多品种证券行情免费查询，可切换查看分时、报价、K线、明细等，并且支持全国85%以上券商的在线交易。

经过精心设计的界面和内容布局也是《同花顺HD》的一大亮点，除了最基本的炒股功能外，与网站同步的海量财经资讯也能为你的投资提供专业级的参考意见。《同花顺HD》帮助你时刻都能轻松玩转股市，顺祝大家都能炒股赚大钱！

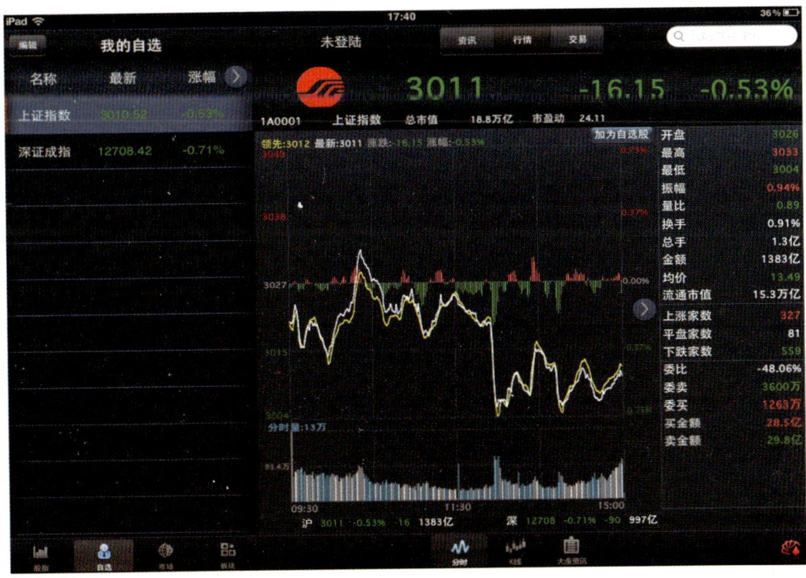

声龙听写 *Dragon Dictation*

《声龙听写》是iPad上最好用的语音识别软件，而且针对中国用户是免费的。你只需轻松说话，语音即时转换成文本插入短信或邮件中，再不需要使用键盘输入文字了。事实证明，语音识别比使用键盘输入文本快上5倍，而用iPad输入文本又比实体键盘更慢，所以，这个差距可能是10倍甚至20倍，在iPad上安装一个语音识别软件实在是太重要了。软件支持普通话、英语等多种语言，你还可以同时训练和检验一下自己的发音，时间长了必有长进。

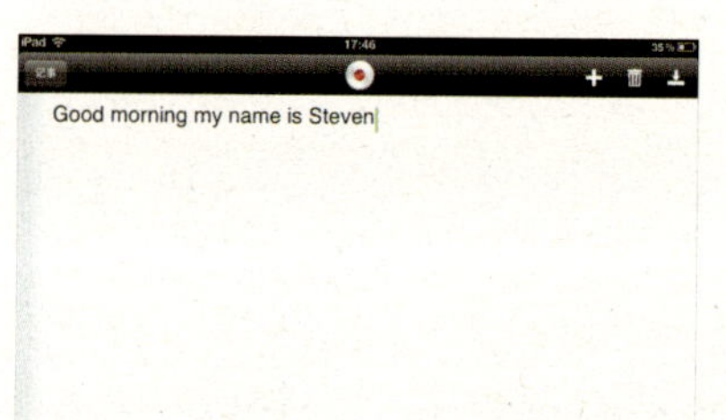

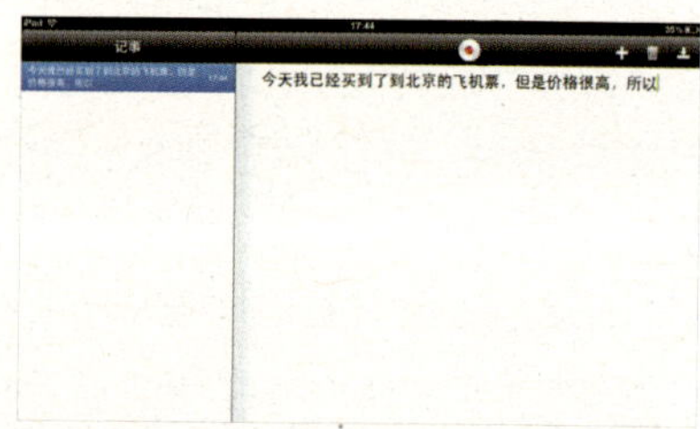

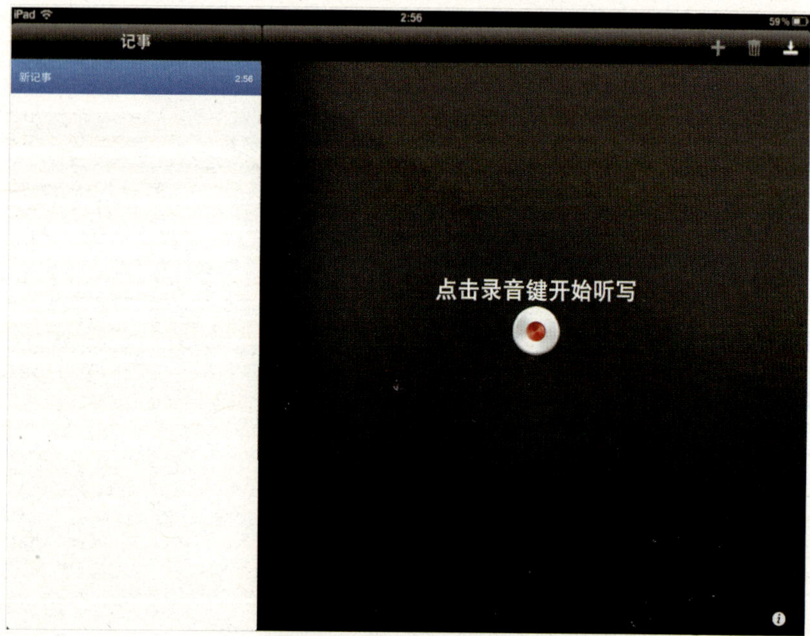

私募内参免费版

“跟着私募走，让基金们买单吧！”

如果你正在炒股，那你一定知道“私募”的力量。这里套用该软件的一段广告语——“牛市，跟着私募建仓，赢在起跑线上；熊市，跟着私募跑，让公募基金们买单！”尽管准确性、可靠性都不是绝对的有把握，不过如果能或多或少地了解一些私募消息，对你的投资肯定是有帮助的，至少可以参考参考。股市有风险，入市须谨慎！但既然你已经入市，多一个信息来源总是好的，这里我们推荐的是免费试用版，正式版也不贵，你一次买入或卖出的手续费都比软件的价格（4.99美元）更高了。

当然，最后还是那句话——仅供参考！

私募内参
免费版
价格： 免费
大小： 3.6 MB
语言： 中文

同类软件推荐

绝密私募内参
每日更新版
价格： 4.99美元
大小： 0.6 MB
语言： 中文

每天清晨，与私募基金经理们，同时阅读新鲜出炉的绝密内参！

立即下载《绝密私募内参》，牛市中坚决抢跑！

第一，“私募”的投资基本没有流通性(Liquidity)；第二，之所以叫“私募”，就是不可以公开招募投资人，不可到公开的市场上去卖，不可以在INTERNET上卖股份等等。第三，私募的投资人，可以是天使投资人（Angel Investor），也可以是VC；可以是个人，也可以是Institutional Investor。但不管是谁，他必须是Accredited Investor。Accredited Investor台湾人翻译成“投资大户”，也有人翻译成“合格投资者”，“认可投资者”，或“受信投资人”。美国证券交易委员会（SEC）的D条款规定，要成为Accredited Investor，投资者必须有至少100万美元的净财产，至少20万美元的年收入，或者必须在交易中投入至少15万美元，并且这项投资在投资人的财产中所占比率不得超过20%。如果想以“私募”融资，在美国要注意这条规定。不在美国，比如在中国搞私募，还没有什么明文规定。私募的载体包括股票、债券、可转换债券等多种形式。股票可以做优先股，普通股，等等，只要你愿意，你可以把DEAL设计得很复杂。但也别太复杂了，会把投资者都吓跑了。

立即下载《绝密私募内参》，牛市中坚决抢跑！

每天清晨，与私募基金经理们，同时阅读新鲜出炉的绝密内参！

立即下载《绝密私募内参》，牛市中坚决抢跑！

Terra 浏览器

价格：免费

大小：0.8 MB

语言：中文

同类软件推荐

Mercury Web Browser Lite

价格：免费

大小：31.2 MB

语言：中文、英语等

QQ浏览器HD

价格：免费

大小：2.7 MB

语言：中文

*Terra*浏览器

iPad自带的*Safari*浏览器已经足够好用了，不过正如PC上有IE还不够，很多玩家更喜欢*Firefox*、*Chrome*、*Opera*等各具特色的浏览器，iPad上同样有着更多的免费浏览器供我们选择。*Terra*就是一款支持多标签、全屏浏览、离线浏览的高速浏览器，功能上比*Safari*更加贴心，如“无限标签”支持一次性打开多个标签，并且标签之间切换非常流畅；“网页保存”功能则可以让你将喜欢的页面保存，即使离线后，图片、文字也不会丢失。另外，*Terra*的搜索与管理功能也都是一级棒的。这样一款极佳的免费浏览器只有0.8 MB，速度、效率都非常令人满意，强烈推荐！

第8章 寓教于乐 感受学习的革命

希望孩子生活在一个寓教于乐的世界吗

你想学好英语吗

Pad不仅是轻巧的平板电脑

还是不错的学习机

你是想让孩子爱上用iPad看书

还是让他迷恋游戏厅的硬币

作为你自己

是否也渴望每天都有所进步呢

网易公开课

今年有一部网络大片很火爆，不是娱乐片，也不是文艺片，而是全球各大名校的公开课，这就是2011年2月16日网易公司正式上线的iPad版《网易公开课》。现在，通过iPad就可以免费观看哈佛、耶鲁、牛津、剑桥等英美顶级名校的精品课程视频，聆听大师的传道解惑。从斯坦福大学的《经济学》，到麻省理工大学的《微积分重点》，从耶鲁大学的《解读但丁》，到牛津大学的《哲学概论》……

网易公开课

价格：免费

大小：3.1MB

语言：中文（字幕）、英语

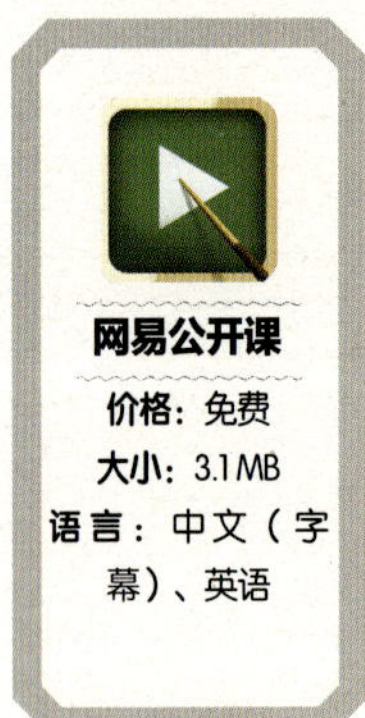

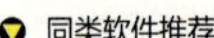

◉ 同类软件推荐

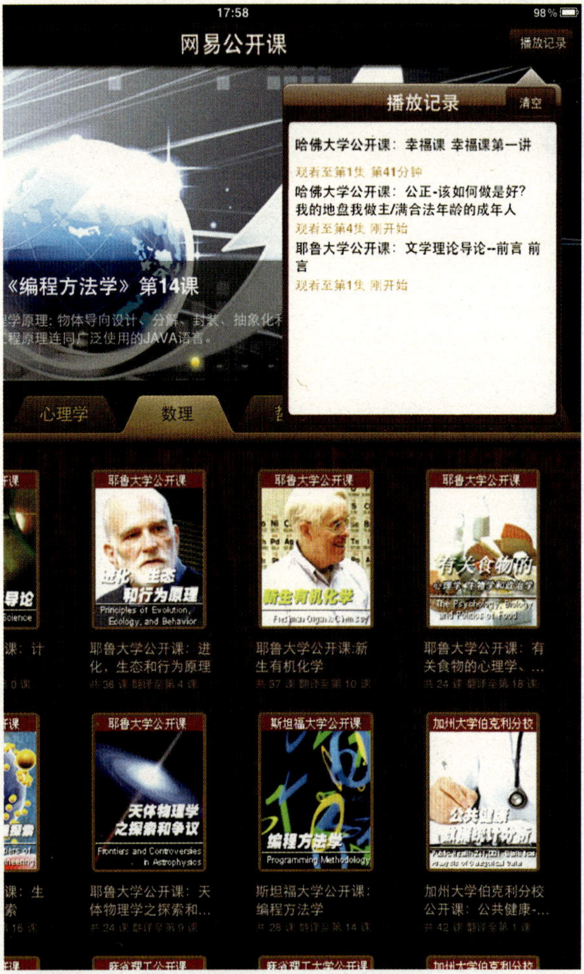

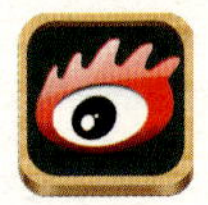

新浪公开课

价格：免费

大小：1.0MB

语言：中文（字幕）、英语

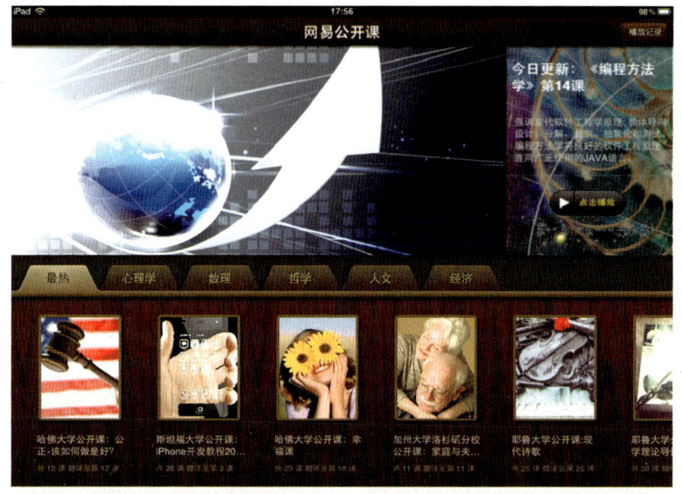

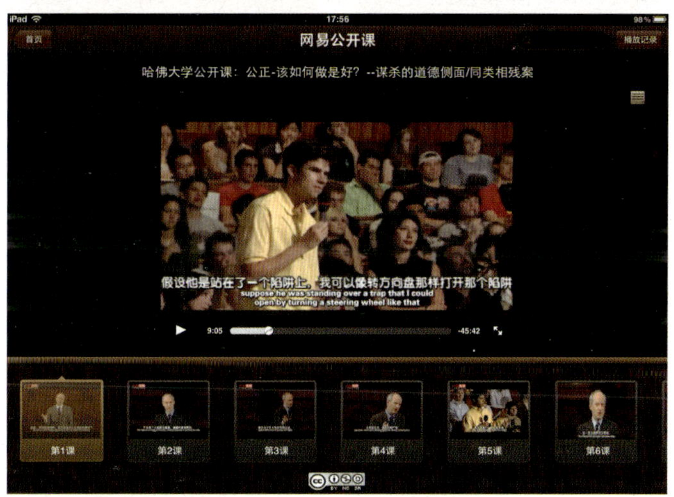

当你看过哈佛大学教授兼作家迈克尔桑德尔的课程《公正：该如何是好》以后，相信你会对人生有新的看法，而IT创富天堂斯坦福大学的学生们是如何学计算机的，从此也不再神秘。我仿佛又重新看到互联网精神：开放、平等、协作、分享，相信未来还会有更多的名校名师加入，这对于热爱学习的人无疑是最大的鼓励和支持。看看今天我们在教育方面的差距吧，任重而道远啊，既然有了《网易公开课》这么好的资源，我们当然要好好享用。借助网络和iPad，让我们一起分享人类共同的文明吧，知识是没有国界的！

星空漫步 *Star Walk for iPad*

找了很多星座的软件，还是觉得这款《星空漫步》是最棒的，不论是操控性，还是知识性都是一流的，在手指的弹拨间，传奇浪漫的星座就在你的眼前。使用《星空漫步》你可以观察恒星、行星、星座、流星雨，不仅是从你现在的位置观察，还可以从地球上任何地点观察，只需旋转一下三维地球仪，选择位置就可以了。此外，你还可以看看职业和业余天文学家拍的宇宙高度艺术的照片，享受星空的美丽。

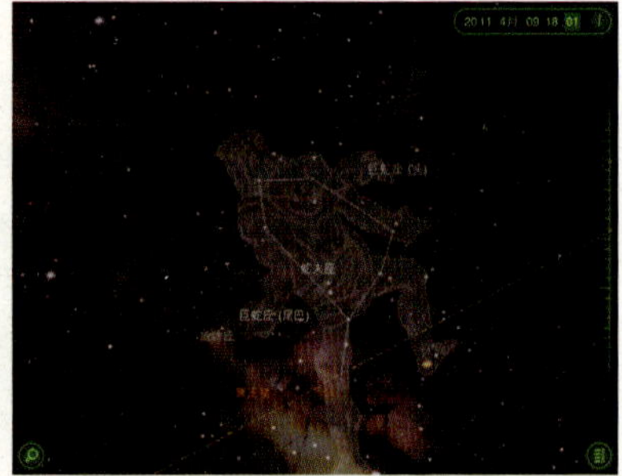

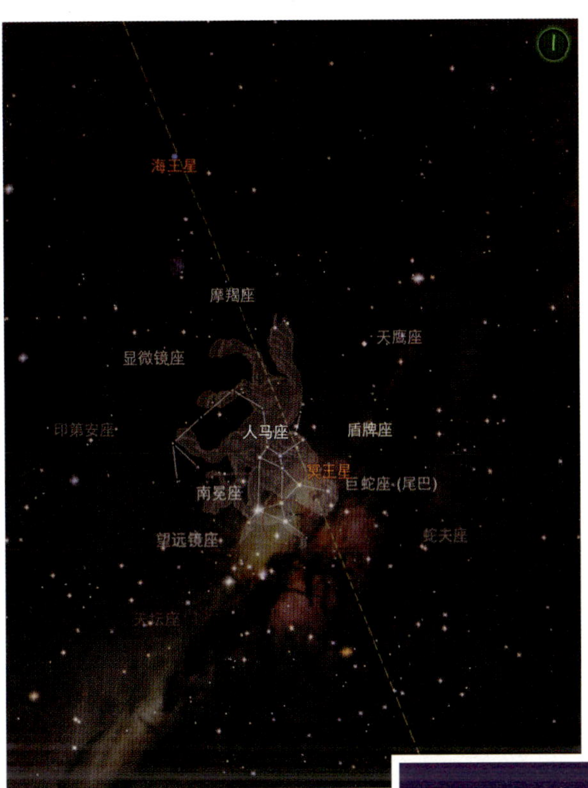

同类软件推荐

三维太阳系模型

Solar Walk

价格： 2.99美元

大小： 117 MB

语言： 中文、英语等

星空漫步

Star Walk for iPad

价格： 4.99美元

大小： 87.6 MB

语言： 中文、英语等

小时候语文课上学过一篇课文，叫《数星星的孩子》，相信你一定也有印象。我很羡慕张衡，因为那时的大气层应该更加洁净，今天在我的家乡已经很难再找到仰望星空的感觉了。当我看到iPad上可以提供观赏星座的软件后，甭提有多高兴了，小时候未能实现的看星星、识星座的梦想终于可以在iPad上实现了。

现在请关上灯，把iPad放在头顶，你会发现你要寻找的那颗最亮的星星触手可得。

微英语HD

除了微博，微小说，微笑，微软，微生物，微波炉，微积分，这个世界上还有微神马？答案是——微英语！什么是微英语呢？简单的说，它是适合所有人使用的方便、快捷的英语学习工具。《微英语》推出至今受到了用户的广泛好评，不仅荣登*iTunes*新品推荐榜，还是*App Store*里排名第二的教育类软件，同时“微英语”一词也被百度词条收录，成为2011年的流行词。

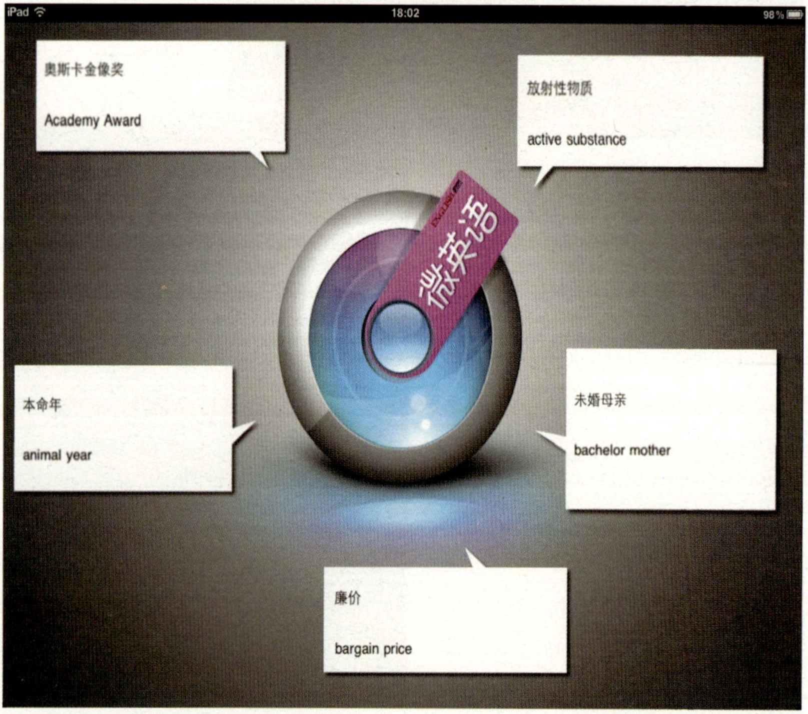

iPad 18:02 98%
奥斯卡金像奖
Academy Award
放射性物质
active substance
微英语
ENGLISH
本命年
animal year
未婚母亲
bachelor mother
廉价
bargain price

网络时代的快节奏和即时性酝酿了微文化的产生，同时正因为网络聚集的微力量数量惊人，这种日渐渗透的微文化也正一步步改变着人们的生活。微文化为什么这么受年轻人的喜欢呢？最主要的原因是它传递了一种“水滴石穿”的精神，生活中一些看似微不足道的行为，却会不经意地改变了人们的生活。《微英语》就是这样一款让你在生活的碎片时间中学习英语的软件，利用iPad你可以随时随地地学习英语，多次重复的学习对你的英语水平提高很有帮助。“颇有微词”、“无所微句”、“闻所未文”3个栏目每天为你提供不断更新的最流行、最地道的英语词汇、句段和文章信息。

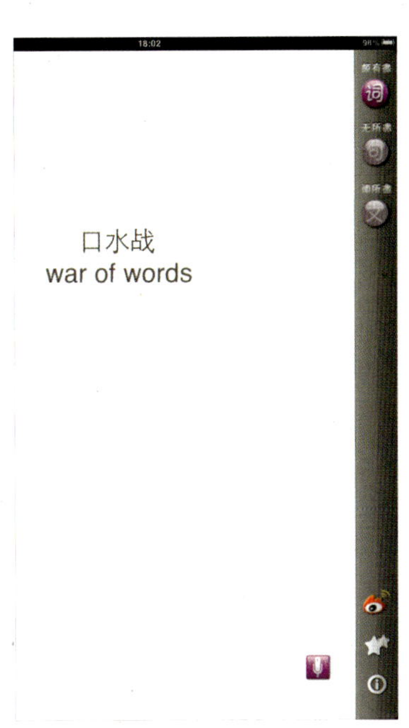

新颖的学习方式，精巧的排版样式，增加你的阅读欲望，促进你学英语的兴趣。有了《微英语》，原来学英语也能学得如此精彩！

同类软件推荐

微英语
HD FREE
价格：免费
大小：3.5 MB
语言：中文、英语等

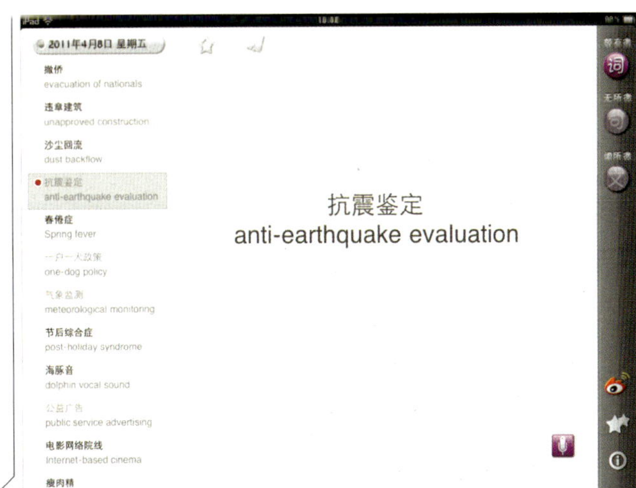

基金动漫
HD

价格：免费

大小：6.6 MB

语言：中文、英语等

基金动漫HD

漫天理财书，本本都催眠，何时是个头……谁说学理财就一定是枯燥乏味？快将晦涩难懂的专业书籍放到一边，拿起身边的iPad来看精彩的理财漫画吧！《基金动漫HD》共包涵三个不同的系列，通过搞笑幽默的形式传递生活中无处不在的理财知识，彻底颠覆枯燥无味的理财文字书。你想知道漫画中的Office Lady如何从菜鸟变大虾，摆脱工资“白领”的尴尬吗？《基金动漫HD》让你简单学理财，轻松做达人！

乌鸦喝水

乌鸦喝水是一个经典的寓言故事。这个故事引导小朋友们在遇到问题时，要先动脑筋想一想。小时候我们都在语文课本上学过这篇课文，第一句是“一只乌鸦口渴了”，还记得吧？这里之所以推荐这款软件，是因为这本《乌鸦喝水》的画面实在是太精美了，以至于我给身边所有的大人甚至老人们都看了这个故事。我现在担心的是，如果孩子看过那么精美的有声电子书，是否还愿意回到学校的课本中去呢？

数字海洋馆

价格：免费

大小：5.5 MB

语言：中文、英语等

数字海洋馆

在《数字海洋馆》中，你将和孩子跟随dodo来到浩瀚无边的大海中，一起探索神奇的海底世界，在冒险中做游戏，不仅好玩，还能学好数学哦！

让孩子学好数学，枯燥乏味的课本总是一道难以逾越的屏障，尤其是对于刚开始学加减法的小朋友们来说，非常需要一种寓教于乐的方法。iPad版《数字海洋馆》是一款小巧的免费软件，谈不上精美，但对于三五岁的小孩来说已经非常有吸引力了。几十种神奇的海底生物——五彩斑斓的小鱼，可爱的乌龟，章鱼，海马……让孩子一看到就不愿离开。让可爱的海底生物做演示，让孩子一边玩一边学习加减法，是不是要比写满数字和符号的教科书有趣得多呢？

VOA标准英语新闻 每日更新

学英语确实是永恒的话题，通过看、听英语新闻，已经被证实是提高英语水平的最佳途径之一。《VOA标准英语新闻》就是这样一款让你每天都能阅读和收听全球英语新闻的软件，作为RSS阅读工具，本软件提供每天最新的美国之音新闻，以及大致的语音文字同步功能，你可以自由调节。你不仅可以一边看，一边听，也可以让软件在后台运行，只听不看，如果能达到那样的境界，或许这就不再是你学英语的软件，而是了解新资讯的一种途径了。

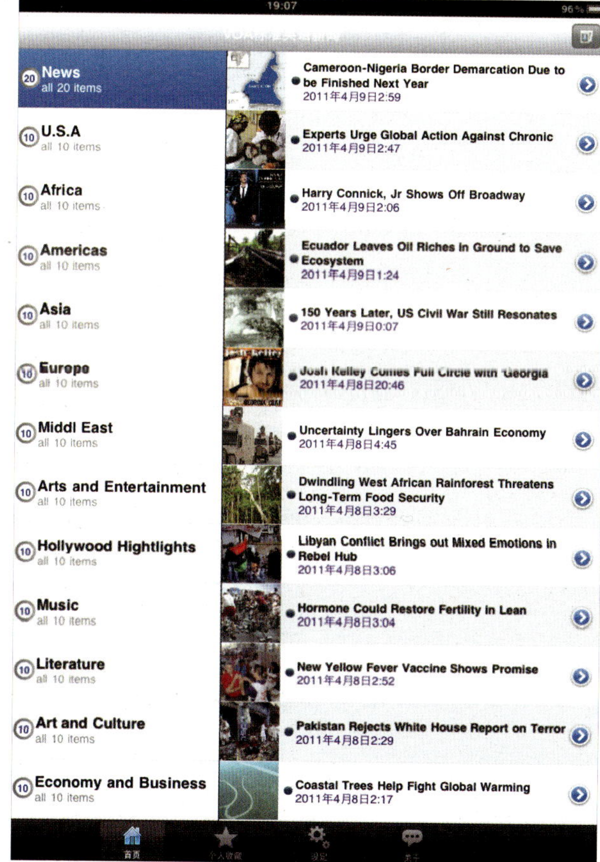

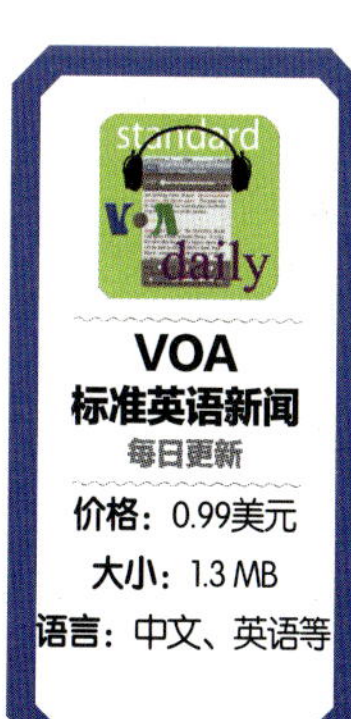

VOA
标准英语新闻
每日更新

价格：0.99美元

大小：1.3 MB

语言：中文、英语等

黑板

kokuban

价格：免费

大小：0.8 MB

语言：中文、英语等

黑板 kokuban

《黑板》将你的iPad变成了一个不折不扣的黑板，和我们上学时看到的黑板实在是太像了，只是小了很多，只能给一两个人用。这款“电子黑板”的所有操控都通过屏触进行，在下方放置有板擦以及4种颜色的粉笔。黑板的作用不仅仅是写字，如果你有一定的绘画基础也能画出一幅幅精美的图画。不仅你自己可以找回学生时代在黑板上写字、画黑板报的怀旧情怀，还能用它来教育你的孩子写字和画画哦！

▼ 同类软件推荐

画板

价格： 1.99美元

大小： 42.8 MB

语言： 中文、英语等

小黑板

价格： 免费

大小： 3.4 MB

语言： 英语

让孩子懂道理的28个成语故事

在历史悠久的中华文明中，成语凝聚着一代又一代先辈们的心血和智慧，让孩子学习成语，就可以让孩子学到丰富的中国文化。这款软件选取了28个耳熟能详、生动有趣的成语故事，引导孩子进行思考和想象，打开他们善良、诚实的心，帮助他们形成热爱生活、机智勇敢的信念。每天让孩子学习一个成语，不仅能扩充知识，还能帮助孩子塑造诚恳正直、善良纯洁的美好品德。

轻松学数学HD 10个儿童益智小游戏

教爱玩的孩子学习枯燥的数学不是一件易事，很多开发商都在尝试更好的学习方式，这款《轻松学数学HD》通过10个有趣的益智游戏来帮孩子启蒙数学知识，经过测试确实很有创意，也很讨孩子喜欢！另外,点读功能更是可以帮助小朋友们在学习数学的同时掌握更多的物品名称。值得一提的是，这款软件专门针对小朋友们设计的用户界面充分考虑到了小手的操作，在细节之处做得非常出色。

轻松学数学 HD
10个儿童益智小游戏

价格：1.99美元

大小：21.9 MB

语言：中文

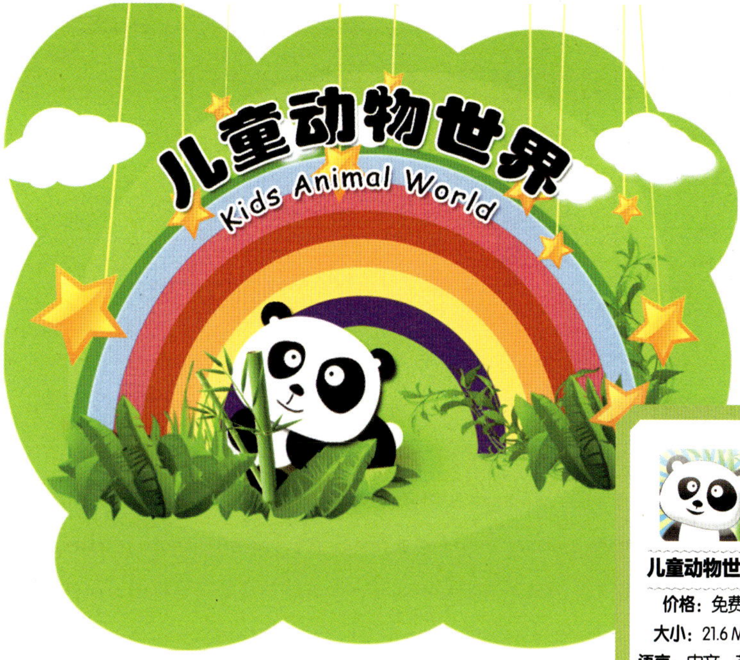

儿童动物世界

Kids Animal World

儿童动物世界

价格：免费

大小：21.6 MB

语言：中文、英语

儿童动物世界

这是一款非常有趣的介绍动物知识的软件，不仅能让孩子认识各种动物，还可以让他们系统地了解不同动物的特点，从动物的生存环境到它的饮食都有所涵盖。森林、湖泊、草原、沙漠，不同的场景下生活着不同的动物，孩子可以听到动物们的叫声，可以学习这些动物的中英文读音，还可以通过有趣的小游戏了解到动物们的饮食喜好。这款软件的画面非常精致也富有动感，算得上是免费软件里的精品了。

同类软件推荐

新概念英语1~4册（全）

价格：0.99美元

大小：180 MB

语言：中文、英语

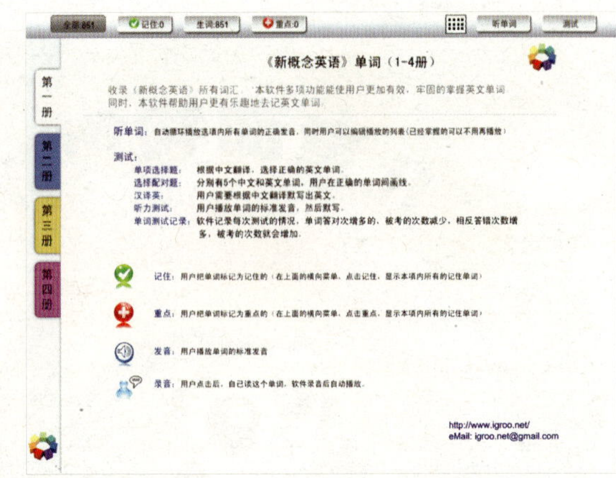

新概念英语单词

这款软件收录了《新概念英语》1～4册所有生词，共5 402个单词及词组。《新概念英语》的鼎鼎大名，相信每一位想学好英语的朋友都不会陌生。如今纸质的书被搬到了iPad上，通过软件还实现了多项功能，可以使你更加有效、牢固地掌握英文单词。当然，话又说回来，对于英语学习，最关键的还是持之以恒，虽然学习的花样可以多一些，但不付出足够的汗水是很难取得理想的结果的。

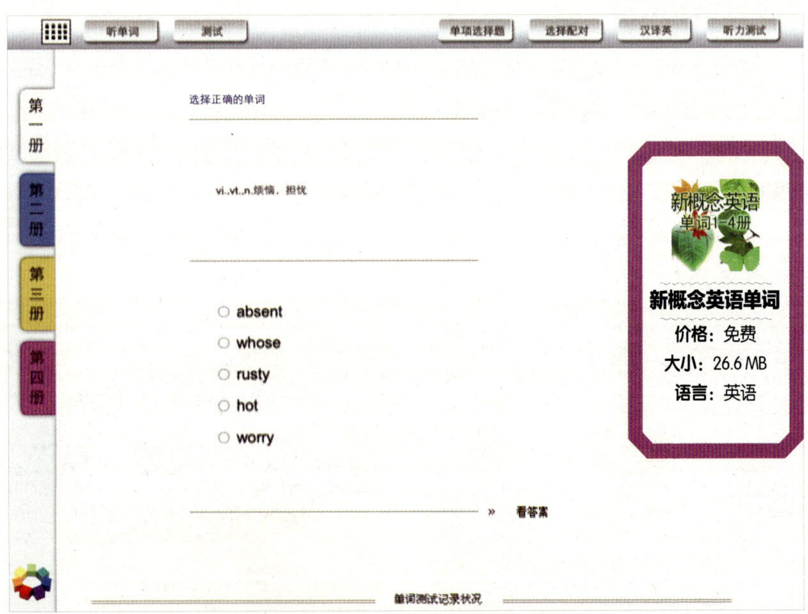

幼儿音乐启蒙
童谣
价格：免费
大小：9.3 MB
语言：中文、英语等

幼儿音乐启蒙-童谣

实话实说，我小时候很不喜欢音乐，音乐考试从来都不及格。可现在是“老大徒伤悲”了，每次去KTV都会成为被大家笑话的对象，后来我索性就扮演起“永远的KTV小丑”了。现在回想起来，是小时候的我太缺乏音乐环境，只喜欢看书画画，其实给小孩子培养乐感的启蒙教育是很有必要的。《幼儿音乐启蒙-童谣》收录了《找朋友》、《两只老虎》、《铃儿响叮当》、《世上只有妈妈好》等经典儿歌童谣，孩子学习以后就能够欢歌笑语尽情飞扬了！

同类软件推荐

至爱经典
英文儿歌
价格：免费
大小：11.1 MB
语言：英语等

儿童学画
价格：免费
大小：94.0 MB
语言：中文、英语等

儿童学画

小时候的我也很喜欢画画，刚开始复杂的东西是画不了的，每天最喜欢看电视里的“少儿简笔画”节目，因为里面教的画画方法既简单，又很实用，可每天只能学画一种东西，而且经常因为各种原因错过电视……现在不用担心了，这款《儿童学画》提供了100多幅儿童简笔画，每一幅都有详细画图步骤，这可比我小时候看电视要直观多啦！

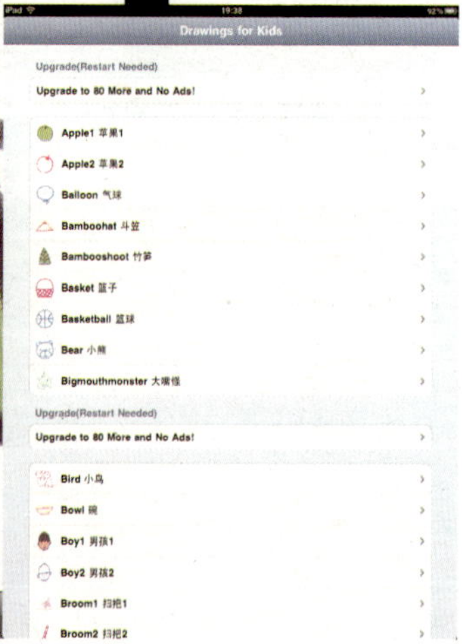

同类软件推荐

宝贝涂涂看
价格：免费
大小：14.6 MB
语言：中文

Sound Touch Lite

价格：免费

大小：77.8 MB

语言：中文、英语等

同类软件推荐

Sound Touch

价格：2.99美元

大小：106 MB

语言：中文、英语等

Sound Touch Lite

“这是一个非常好的设计理念，照片质量和录音的音质也非常棒。这个游戏应该能让孩子们玩儿很长时间而不会感到厌倦”。“这对于正在寻找可以让其2至4岁大的孩子保持安静而且快乐的方法的父母来说是一个极好的程序”。“*Sound Touch*简单而又有趣，在您需要时肯定能让您的孩子保持专注”……以上这些是其他父母对这款软件的评价，这款专门针对小孩子的软件帮助小孩子认识大自然中的各种声音，一定会让你的小孩爱不释手，而我只能默默地遗憾没能晚出生30年……

越做越聪明 免费版

你聪明么？别人夸过你？那个不算数的，完成这个程序中的题目才能证明你是真的聪明！这套程序包括了图形规律、数字规律、空间联想和拼图，从不同的角度测试你的思维能力，也会拓展你的思维方式，帮助你培养出充满想象力的思维习惯。赶快点击下载吧，开始你的思维训练之旅。如果你感觉免费版的20道题已经难不倒你了，那么强烈推荐你挑战一下完整版那种“Endless”的感觉。

越做越聪明
免费版
价格：免费
大小：10.0 MB
语言：中文

同类软件推荐

越做越聪明
价格：2.99美元
大小：17.7 MB
语言：中文

长江杂志

《长江杂志》是由长江商学院主办的一本以金融财经和管理类内容为主的刊物，目前为双月刊。创刊于2004年的《长江》，目前以“经济分析”、“商业评论”和“人文思想”三大版块为核心内容，以对中国经济社会具有巨大影响力的企业家群体、政府官员、媒体人为主要读者对象，采取精准投放方式发行。这么好的杂志可以在iPad上免费看，不限期数，对未来充满梦想的你还等什么呢？

24点

4个数字，加减乘除，如何凑成24呢？这是适合所有年龄段的经典数字游戏之一。中学时我和同学在课桌上玩24点，大学时我和室友在寝室玩24点，工作后我又和同事、朋友在餐桌、酒吧玩24点，怎么玩都玩不厌。今天我们又可以一起和孩子在iPad上玩24点了，有时候小孩比大人反应还快哦！这里抛出一道我保留多年的经典难题给你研究研究，3、3、8、8这四个数字如何才能凑成24，开动你的脑筋吧！

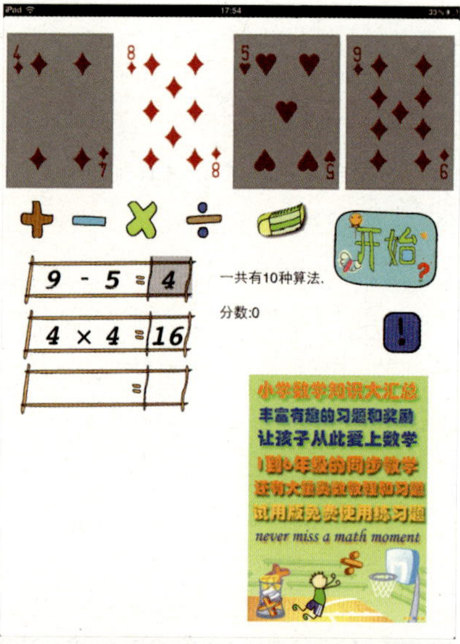

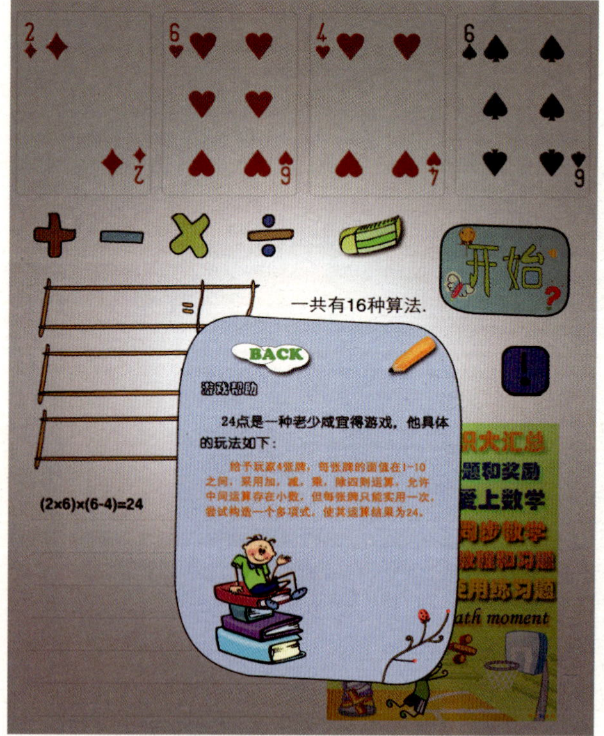

24点

价格：免费

大小：0.9 MB

语言：英语等

同类软件推荐

极速24点

价格：0.99美元

大小：4.7 MB

语言：

中文、英语等

宝宝学弹琴
HD Lite
价格：免费
大小：4.6 MB
语言：英语

同类软件推荐

Piano Pals
价格：免费
大小：30.2 MB
语言：英语

宝宝学弹琴 HD Lite

紫、蓝、青、绿、黄、橙、红，彩色的钢琴键煞是惹人喜爱。我小时候也有这样的一架塑料钢琴，现在非常怀念。三四岁的小孩子刚开始学钢琴只是为了培养音乐兴趣，所以真实的钢琴和电子琴可能还很难吸引他们，如果让他们都来玩一玩这个《宝宝学弹琴》游戏，他们一定会很开心哦！此外，你还可以将钢琴按键的声音转换成模仿不同动物的叫声，为你的孩子带来更多的乐趣。

语言连连看

价格：免费

大小：4.9 MB

语言：中文、英语等

语言连连看

玩连连看也能背单词，想不到吧！这款《语言连连看》让你通过游戏轻松学习外语单词，只需在游戏中轻拍2种语言相同意思的单词，意义正确则会双双消除，如果错了，那方块就会越堆越高。程序不仅支持简体中文与英语，还支持繁体中文、日语、法语、德语和韩语，一共7种语言，你可以任选两种进行游戏。如果你一直为背单词而焦虑，找不到更好的办法，不妨试试这个。

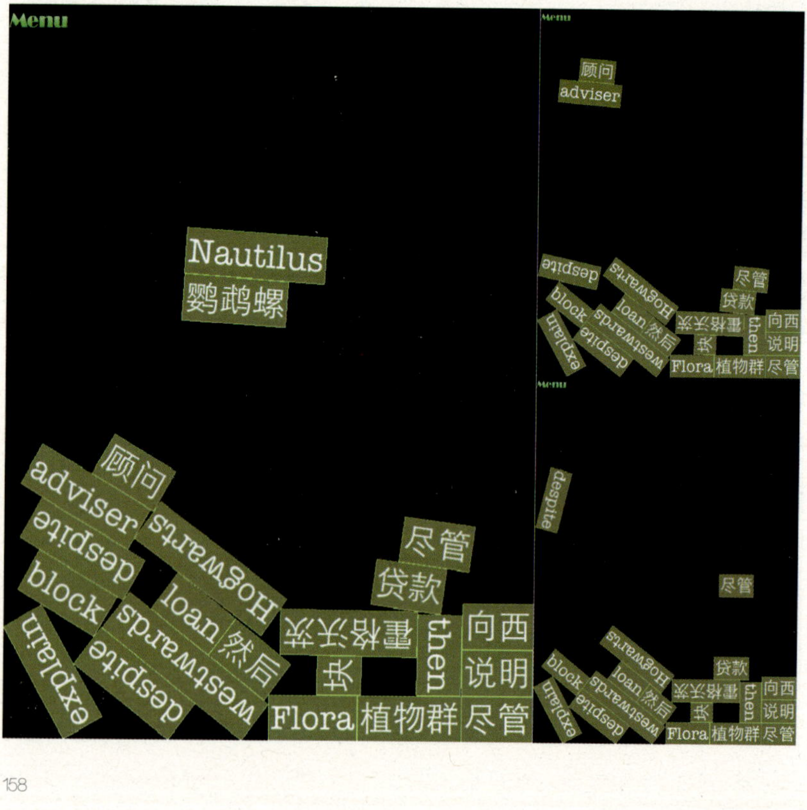

第9章 健康旅行 你就是生活达人

出门在外 没有地图怎么行

周游世界太昂贵 有没有更经济的解决方案

世界很美好 健康更重要

努力工作是必须的 纵情娱乐是必要的

但身体可是革命的本钱

谷歌地球 Google Earth

大名鼎鼎的《谷歌地球》（*Google Earth*）众望所归地推出了iPad版本，最新版本号为3.2，其界面和功能与早先推出的iPhone版类似，不过专门为iPad的大屏幕优化了显示效果。目前iPad版*Google Earth*官方支持简体中文，而且完全免费，效果非常不错，属于iPad必装应用之一。

iPad版*Google Earth*一经推出，就占领了*iTunes*应用商店的免费iPad应用第一名，足以见其受欢迎的程度。iPad本来已经内置了Google地图（*Google Maps*），可以方便的查看传统地图和卫星地图，不过iPad版*Google Maps*功能很少，界面简单，缺少附加图层，最主要的是不能像*Google Earth*那样旋转地图，功能不如*Google Earth*那样强大，因此请你马上动手下载并安装一个*Google Earth*吧！

或许你在PC上就已经体验过桌面版的*Google Earth*，但是iPad版的*Google Earth*的操作性必然令你眼前一亮，只需使用两个手指就能方便地放大、缩小、旋转谷歌地球，就如同玩一个真实的地球仪一样方便，这种操作感是键盘鼠标远不能及的。与桌面版*Google Earth*不同的是，iPad版*Google Earth*还支持GPS和Wi-Fi定位，定位是iPad的特色功能，你只需点击屏幕上方的圆圈，即可定位自己的位置。在大街上可以随意使用*Google Earth*软件，还可以随时获悉自己的方位，这些体验都是PC无法提供的！

总而言之，iPad版的*Google Earth*的浏览体验非常不错，仿佛*Google Earth*一开始就是为iPad设计的一样。

拉手离线地图

在中国能用上3G版iPad的用户终归还是少数，多数朋友都只能通过Wi-Fi上网，另外，即使购买了3G版iPad，3G网络的流量费还是很让人心疼的。地图软件对流量的要求很高，而且往往都是在没有Wi-Fi网络的场合才会用到，怎么解决这个难题呢？这个时候《拉手离线地图》就是个不错的选择。

拉手离线地图

价格： 免费

大小： 3.0 MB

语言： 中文

《拉手离线地图》是专为Wi-Fi用户设计的免费软件，同时也可以为3G用户节省流量费。你可以在有Wi-Fi网络的时候（比如家里）就下载好需要的地图，以备出门在外没有网络的时候使用，而一个地图的容量往往是数百 MB，对于按流量付费的3G网络来说实在是太不经济了。拉手离线地图的最大特点是：信息量非常大，不需要连接网络，依然可以查看地图细节并搜索到身边的生活服务信息。

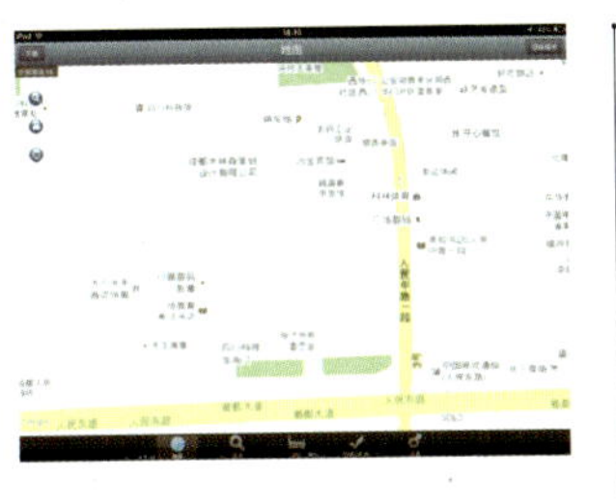

目前《拉手离线地图》已经可以提供数十个中国一、二级城市的地图下载，以我所在的成都市为例，这款软件基本能满足日常需求，放大、缩小地图非常流畅，搜索功能也很令人满意，大到知名街道建筑，小到胡同里的苍蝇馆子，几乎是无所不包。

旅游宝典
超级6合1
价格：1.99美元
大小：468 MB
语言：中文

旅游宝典 超级6合1

《旅游宝典》看起来像一本书，但现实中可没有哪本书有这么丰富的内容。《旅游宝典》是我们生活和出行必备的工具，它包含了我们出行的方方面面：全国景点有1万7千多个，每个景点都配有景区图片、景区的详细介绍、地址及联系方式、景区门票、出行交通、开放时间、最佳旅游时间等极具指导意义的综合信息。同时，景区除了按照地区划分外，还可以按照景区类别划分（如：省－城市－冰川雪原－所有景点，类似这样的结构），查找起来十分方便。

境外旅行的资料也很丰富，“出境游大全”包含了国外70多个国家的2 000多个著名的景点，详细程度与国内景点差不多。《宝典》中自带的“全国航班查询”与

iPad 18:49 39%

返回首页 中国旅游景点大全

按景区分类 按省区分类

冰川雪原

博物馆

草原草甸

城市观光

度假村

高山奇峡

工业旅游

古镇村落

中国旅游景点大全 佛冈古冰川遗迹

详细介绍 门票交通

景区门票：

待定

出行交通：

交通线路一：广州上106国道往北至佛冈县汤塘镇黄花湖温泉度假山庄，再沿106国道往北走大概一公里左右就下106国道，往黄花镇方向行 8 公里左右就到景点了。交通线路二：沿京珠高速公路往北至佛冈县汤塘镇下高速，沿106国道往北行至汤塘镇黄花湖温泉度假山庄，再沿106国道往北走大概一公里左右就下106国道，往黄花镇方向行8公里左右就到景点了。

开放时间：

待定

最佳旅游时间：

位于广东省北江中下游，没有寒冷的冬天，年平均气温21.6℃，一年四季都适合旅游，而4～10月雨量充沛的季节，山清水绿，是最佳旅游时间。

“国内外酒店大全”也可以给你出行带来极大的方便，全国所有的航班信息，国内外3万多个酒店信息，在这里都能查到。虽然iPad上免费的好软件也很多，但《旅游宝典》绝对对得起其1.99美元的身价。在*App Store*里，类似的高质量低价格旅游相关软件还是很丰富的，这些应用也极大地提高了iPad的价值。

GUIDING TOUR AROUND WHOLE WORLD
游遍世界

游遍世界
（合集）
价格：1.99美元
大小：581 MB
语言：中文

游遍世界 上卷

游遍世界 中卷

游遍世界 下卷

同类软件推荐

游遍中国
价格：1.99美元
大小：576 MB
语言：中文

游遍世界

人人都喜欢旅行，我也不例外，游遍世界一直是我的梦想，无奈囊中羞涩，梦想与现实的差距实在太远，不过我很喜欢在iPad上望梅止渴。旅行的乐趣在于世界的博大和神奇所带来的惊喜和满足的享受，尽管没有条件畅游全球，但如果能拥有一套尽览世界风光的旅游全书，便能让你渴望放飞的心灵触摸世界各地。

《游遍世界》不同于普通的旅游手册，它的资讯量非常大，大量运用了高清图片，所涉猎的内容遍及雨林、沙漠、高原、险峰，囊括了世界上绝大部分国家和地区的著名旅游景区，使你能够方便、快捷地对世界美景有一个全面的认识与了解。在本书中有你不应错过的无限神往的数千个旅游目的地——宏伟的都会名城、壮观

的自然奇景、神秘的文明遗址、古老的人文遗址，无一不给你带来身临其境的视觉感受。读完此书，犹如亲身经历了一次别开生面的世界旅行，大千世界的精彩奇妙，异域文化的多姿多彩，从雨林到荒原，从海岛到沙漠，从赤道到两极的自然之美都为你精彩呈现，每一页都能让你体会到那种强烈的震撼。

出行伴侣HD
全国航班列车时刻查询

出远门的时候，用得最多的交通工具不外乎飞机和火车这两种，相信每个人都有过查询航班信息与列车信息的经历，不过你以前是通过哪种方式查询的呢？是亲自到最近的售票点查询，还是通过互联网查询呢？

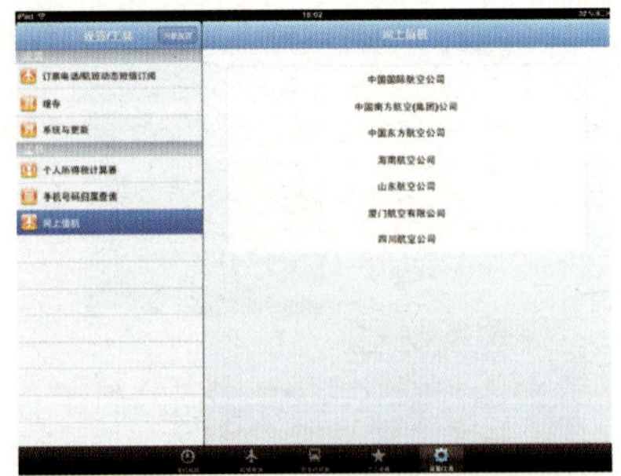

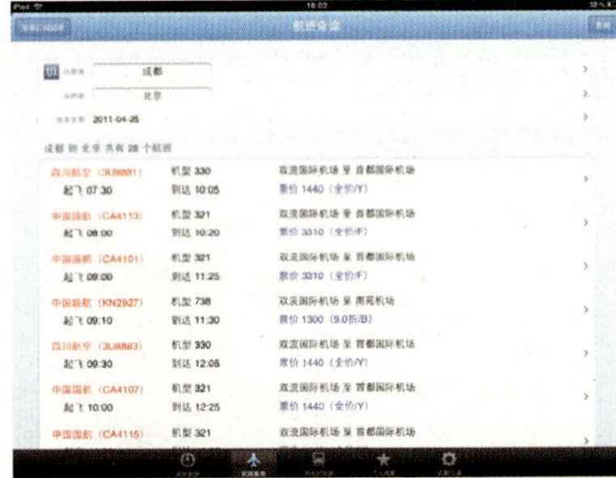

同类软件推荐

全国列车时刻查询

完整版

价格：免费

大小：5.5 MB

语言：中文

现在的你出行时总是带着iPad，所以用iPad查询这类信息，就会比笨重又需要联网的PC方便多了，你说是吗？现在你需要的只是安装合适的应用程序，《出行伴侣HD》就是一款提供全国航班和列车查询的出行软件，与其他同类软件相比，这款软件的界面很漂亮，操作起来也很灵活方便，更重要的是功能非常完善，尤其适合繁忙的商务人士。

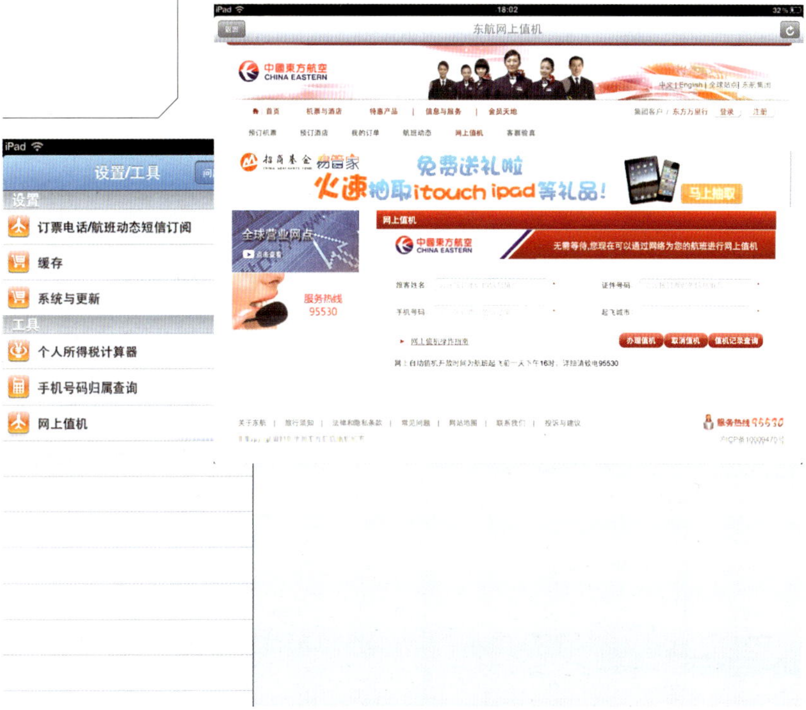

设置/工具

设置

订票电话/航班动态短信订阅

缓存

系统与更新

工具

个人所得税计算器

手机号码归属查询

网上值机

《出行伴侣HD》不仅具备基本的航班与列车时刻查询功能，还可以离线查询列车时刻及票价信息，因为铁路系统相对比较固定，只需几个月更新一次数据包即可。航班方面，该软件不仅可以查询实时票价，也可以帮助你电话订票。值得一提的是，新版本的《出行伴侣HD》增加了"网上值机"功能，其实就是把各大航空公司的订票系统联结到软件中，让你查询与订票都更加直观与方便。

同类软件推荐

iPad酒店查询应用

价格：免费

大小：0.3 MB

语言：英语

拉手酒店预订&返利

价格：免费

大小：4.3 MB

语言：中文

拉手酒店预订&返利

搞定了交通工具，下一步当然就是预订酒店了，《拉手酒店预订&返利》是拉手网推出的iPad应用，相当于是把PC上的酒店预订功能移植到了iPad上。这款软件为你提供了全国550个城市、17 000多家酒店的预订功能，在iPad酒店预订应用程序里是做得最完善的。你可以通过按区域查询、按价格查询、按酒店类型查询、按关键字查询等多种查询方式选择最适合你的酒店，也可以先定位自己的当前位置，查询离自己最近的酒店。由于有了定位功能，这对于很多到达目的地后只知道办公、开会的地点，却不知道预订哪家酒店才最方便的商务人士来说，实在是太有用了。我以前就感觉在没有iPad的日子里，这个难题总会困扰自己很长时间。

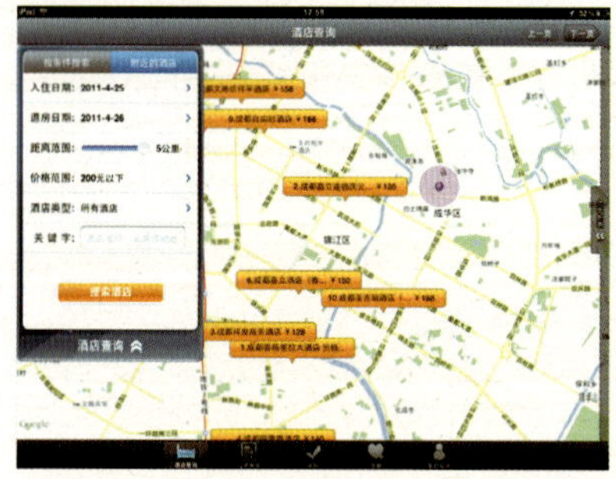

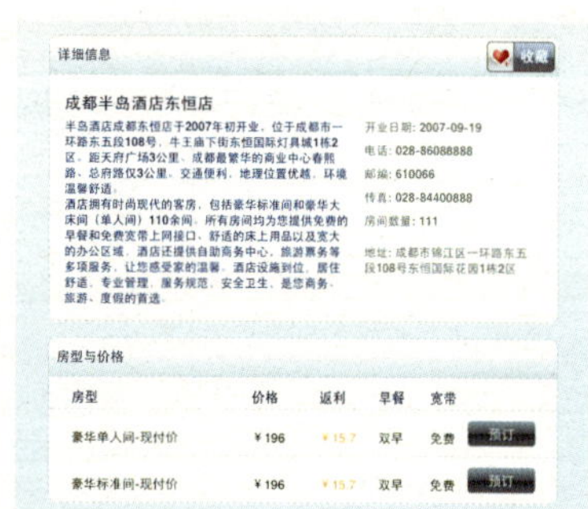

与其他酒店预订网站类似的是，当你成功入住酒店后，还可以获得拉手网给你的额外返利，住得越多，返得越多。虽然你不一定非得用拉手网这款软件来预订酒店，但可以肯定的是，如果你不通过这一类软件来预订酒店，不仅自己会更辛苦，长远来看还会损失不少银子，多不划算呀！

盖亚全球定位系统 Lite

Wi-Fi版iPad不带GPS模块，不过只要有Wi-Fi网络，就能通过软件实现类似GPS的功能。《盖亚全球定位系统》可以把你的iPad变成全功能的全球定位系统手持设备，不论你是驾车、跑步还是驴行，《盖亚全球定位系统》都可以满足你的需求。

这款软件同样具备离线地图功能，并可以记录你的旅程与节点。当你在移动时，《盖亚全球定位系统》可以显示你的速度、距离和其他导航数据，并让你搜索附近的航点与有关地方的报告等。当然，如果要想在iPad上完美运行《盖亚全球定位系统》这一类导航软件，还是建议你使用3G版iPad（3G版iPad自带GPS模块，即使不联网也能实现定位），并将软件升级到12.99美元的正式版。

盖亚全球定位系统

Lite

价格：免费

大小：6.4 MB

语言：中文、英语等

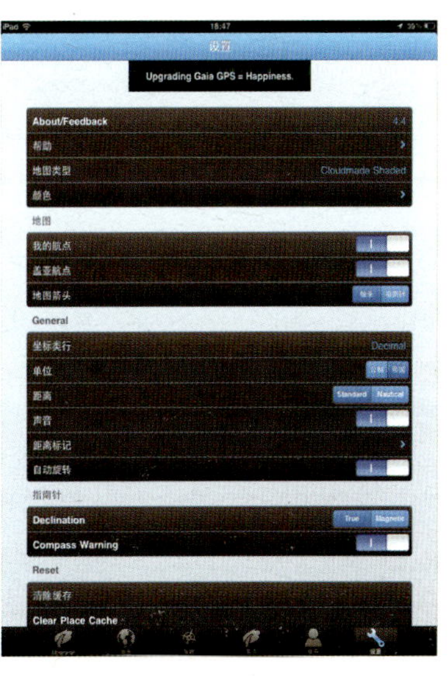

中国国家地理

《中国国家地理》是爱好旅游的人熟悉的杂志，杂志的版面精美，图片质量堪称业界之冠，当然价格也不便宜，而且每一本杂志都很厚重，要想经常携带很不方便。如今《中国国家地理》也“搬家”到了iPad上，效果依旧，价格只要0.99美元，折合人民币6元出头，而且不论你带多少本，重量都是“零”。

本应用提供中国国家地理杂志社旗下的《行天下》等系列产品，《行天下》是《中国国家地理》杂志社的旅行版电子杂志，是一本倡导探索精神、引领全新户外生活方式的杂志。久居都市的商界精英、时尚白领，行游天下的资深驴友、户外爱好者，以及所有向往自然、热爱出行的人们，都是《行天下》杂志的读者。杂志与图书相比的好处在于，可以不断更新，随时都有新内容满足你的眼睛。现在你不用再去书店，就可以在第一时间看到最新的《中国国家地理》了。

摄影旅游

喜欢旅游的你应该也喜欢摄影，这本免费的《摄影旅游》就像是你旅行时的水壶。《摄影旅游》为我们倡导一种爱摄影、爱旅游的生活方式，将摄影大师、旅行玩家、户外探险、汽车旅行和拍摄之余的吃住玩进行跨界整合，融入了实战指导和翔实的行摄地图。正因如此，《摄影旅游》也成为国内第一本为热爱摄影和热爱旅游的人共同打造的专业行摄杂志。

摄影旅游

价格：免费

大小：118 MB

语言：中文

实时路况iPad版

价格：免费

大小：31.8 MB

语言：中文

实时路况iPad版

如今对于生活在大城市的白领来说，买车不难，行路却难于上青天。不论是北上广这样的超大城市还是成都、武汉这样的省会级城市，“堵车”已经成为所有有车一族无法忘却的阴影。《实时路况》顾名思义，最大的特色就是提供实时路况信息，你可以方便地察看市内的交通情况，并能根据路况进行智能导航，从而快捷迅速抵达目的地。想象一下在繁华的大都市里绕开拥堵，每天节省20分钟出行时间，既减少了碳排放又提高了生活效率，省时省钱又环保，多么绿色啊！稍有遗憾的是，在我写下这篇文章时，该软件暂时只支持北京市的实时路况，但相信它会逐渐升级并支持更多的城市。

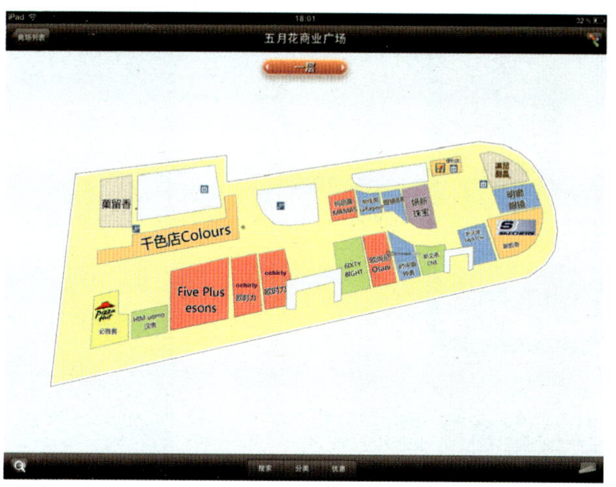

中国商城掌图

这又是一款非常有趣的免费软件，《中国商城掌图》首次在中国将商城等室内环境的精确地图装备于iPad中，让你在旅行时还能了解当地大型商场的结构图，提高购物和餐饮的效率与质量。同时你还可以和朋友分享地图和周边的商品、优惠、服务等全方位信息，给你的旅行带来前所未有的便利。

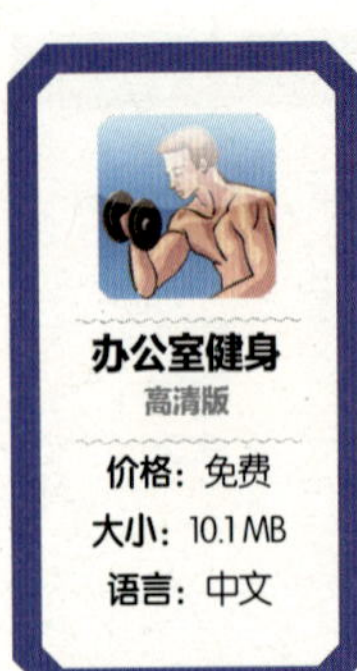

同类软件推荐

办公室健身 高清版

天天坐办公室的你，腰酸背痛脖子抽筋是不是常有的事呢？这都是因为你太缺乏锻炼了！可是当今社会生活节奏那么快，工作压力那么大，要想放松自己是非常不容易的，想跑步、打球、登山就更难挤出时间了。不过时间这东西嘛，挤挤总会有的……每天在办公室不可能每分每秒都工作吧？那样岂不是把人都变成机器了，偶尔有闲暇的时间，你可以喝杯咖啡，休息一下眼睛，也可以做做办公室健身操。什么？你说你不知道什么是办公室健身操，朋友，你太不懂得利用资源了，赶紧用*iTunes*下载一个《办公室健身》吧！

《办公室健身》是一套针对缺少运动的办公室上班族减压与健身而设计的健身动作，用iPad的大屏幕可以非常直观地表现出来，方便你学习。通过一系列简单、科学而又非常合理的健身动作，来帮助你缓解工作压力，消除颈椎、肩、背的疲劳，治疗和预防常见的“办公室综合症”。这套健身动作非常简单，在办公室的方寸之地就可以轻松练习，而且你也不用担心被老板看到，毕竟爱惜健康的员工才更有生产力啊，你还可以拉上他一起练习呢！

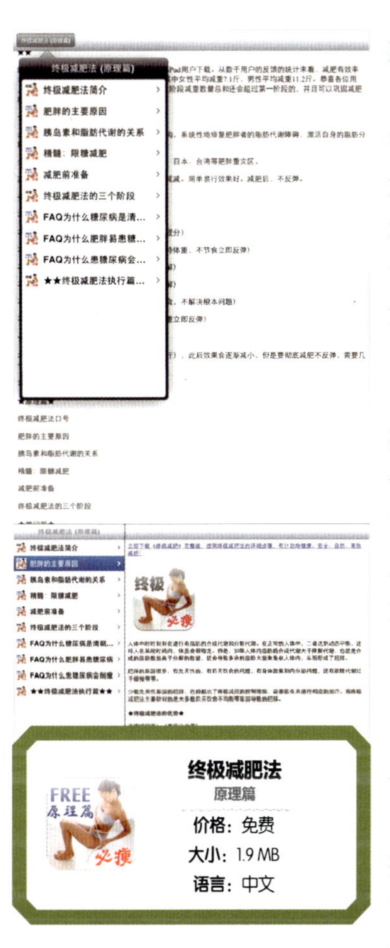

终极减肥法（原理篇）

“安全、自然，就把肥给减了”！“鸡鸭鱼猪牛羊肉奶油照吃不误”！你羡慕吗？嫉妒吗？期待吗？《终极减肥法（原理篇）》仅发布两周就有超过20万人次下载，一举登上*App Store*中国区“健康”类应用第一名，你还不想赶紧试试吗？

本减肥法从肥胖的根源入手，通过调整饮食结构，系统性地修复肥胖者的脂肪代谢障碍，激活自身的脂肪分解代谢功能，从而达到安全、自然减肥的目的。如果你觉得上述说法太抽象，那么可以告诉你的是这套方法早已风靡美国、日本、台湾等肥胖重灾区，上千万人因此受益。

其实，减肥确实是讲究科学的，不是绝食和吃药这样的消极办法换来的，减肥过程中，该吃的还是要吃，该喝的还是要喝，只要你能持之以恒地按照指导方法来执行就好了。很多人减肥不成功不是自己命不好，而是缺乏信心、决心和更重要的恒心。

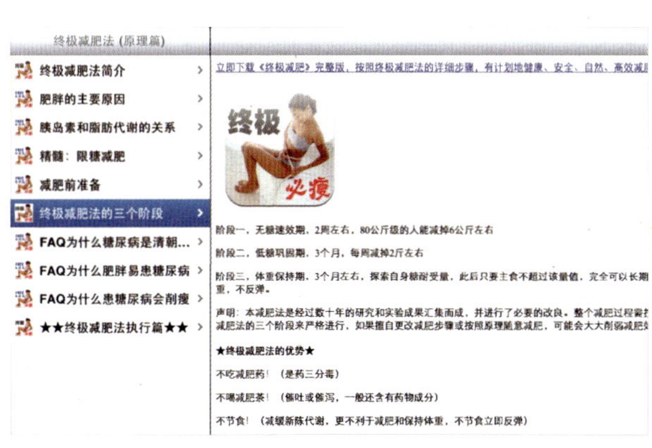

同类软件推荐

日常形体训练

腰腹

价格：免费

大小：7.3 MB

语言：英语

眼睛解压仪

为革命，保护视力，眼保健操，开始，闭眼，（音乐响起）……这样的话语你是不是十分怀念呢？小学、中学时的眼保健操是我们脑海里永久的回忆，可是现在我们天天看着电脑屏幕、手机屏幕、iPad屏幕、电视屏幕，眼睛的负荷其实比上学时更重了，可我们却忽略了对眼睛的保护，再也不做眼保健操了，这实在是太杯具了！

现在重新拾起眼保健操？恐怕你早已忘记动作了，那么我们就做做更简单的眼保健运动吧。《眼睛解压仪》是iPad上一款很热门的健康软件，教会你如何放松视神经，从而达到保护视力的目的，把你的手中的iPad变成一个随身携带的缓解视力疲劳的工具。当你工作很长一段时间后，打开这个应用程序，只需眼睛盯着小球运动（注意：只是眼珠运动而已），可以起到放松的作用，保护视力，就是这么简单！

眼睛解压仪

价格： 免费

大小： 3.7 MB

语言： 中文

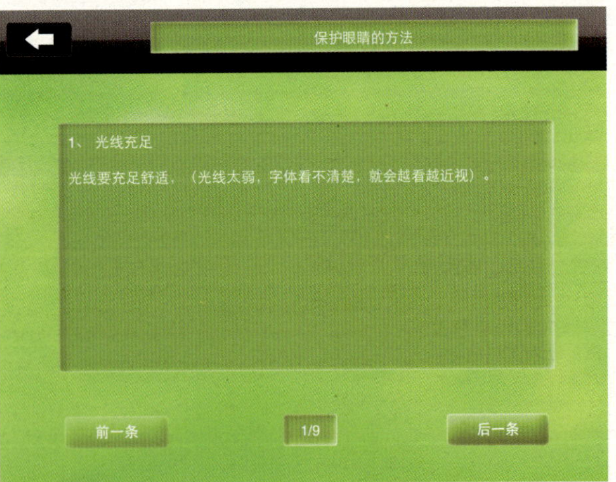

健康饮水计算器

如果你想拥有一个健康的生活方式，那么科学、合理地喝水是必不可少的习惯。水是万物之源，它对于人体的消化吸收、营养吸收、肌肤补水、排毒解毒等几乎各方面的健康需求都至关重要。那么你知道每天要喝多少水吗？健康饮水、正确饮水同样是你要考虑的问题。饮水量不足会使身体因得不到充足的水分而脱水，过量饮水则会导致水中毒，怎样才是适量饮水呢？

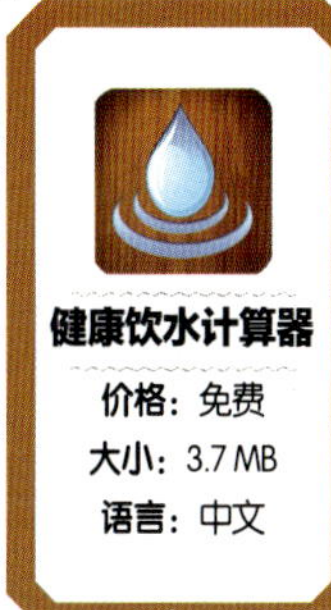

《健康饮水计算器》就是专门设计来指导你正确饮水、合理饮水的应用程序。它会根据你输入的相关数据(如体重、每日运动量等)算出你每天需要喝多少水。虽然有句俗话叫“每天八杯水”，但杯子是多大呢？100毫升的还是300毫升的？这样一来相差就达到2倍了啊，太不精确了！所以还是用这个软件来计算一下更加准确的数字吧，毕竟健康的身体可比什么都重要啊！

生活小百科HD

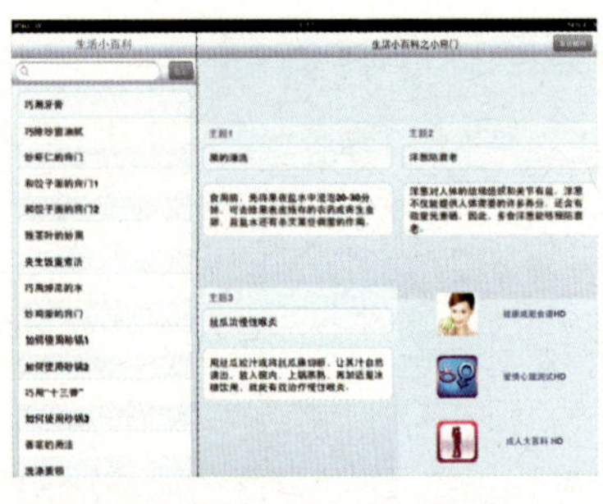

煮了夹生饭，如何补救？如何科学安全地使用砂锅？和饺子面有什么窍门？纱窗脏了怎么清洗？……这些问题是不是经常困扰着你呢？洋葱可以防衰老，丝瓜可以治疗慢性咽炎，蔬菜70%的营养会进入菜汤里……这些常识你又了解多少？

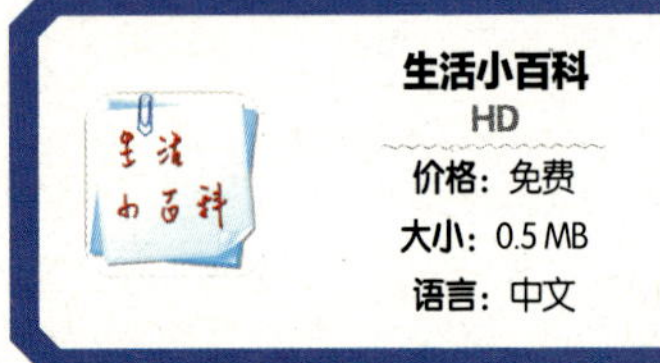

我们每个人不懂的东西太多了，需要学习的东西太多了，但我们没有条件去系统地把各种问题搜集起来慢慢研究，很多问题一转眼也就忘了。但是，生活中有很多小学问对于我们的健康以及效率是非常有帮助的，免费的《生活小百科HD》，你在休息时可以经常拿来看看，时间久了，你会发现自己进步了许多。此外，这款软件号称永久免费，持续更新，功能不断增加，它的存在，就是你的财富。

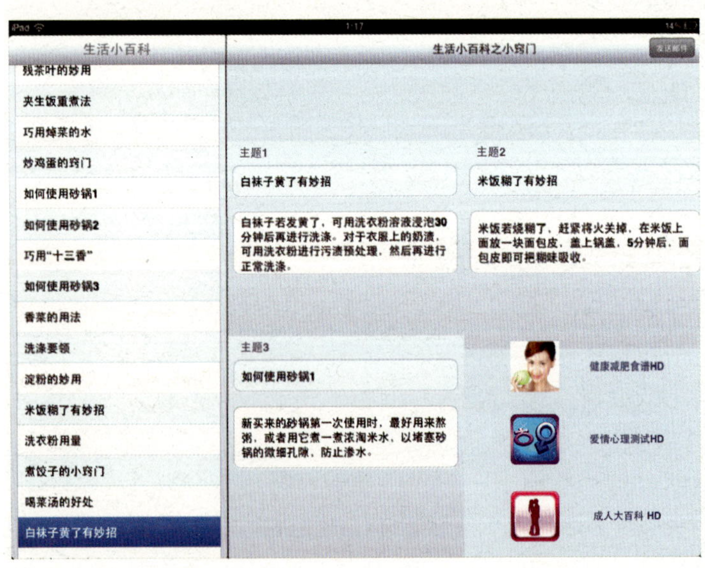

美食天下

价格：免费

大小：6.0 MB

语言：中文

美食天下

菜谱，你不会陌生，电子菜谱，你肯定也见过，但是像iPad上《美食天下》这样全面、详细、具备互动功能的电子菜谱，你一定没有体验过。

《美食天下》软件内含数万篇优秀菜谱，每篇菜谱均有详细步骤图解、说明，而且还能与菜谱作者、网友互动、交流，甚至上传你自己最拿手的菜品，让网友一起分享。

此外，软件不是死板的菜谱列表，每天还会为你推荐最新的优秀菜谱和优秀专题，每天都会让你和家人的味蕾充满期待。

《美食天下》并不只是一款菜谱软件，而是一个温暖人心的美食社区。

易经占卜

价格：免费

大小：9.7 MB

语言：中文

▼ 同类软件推荐

运势宝典

价格：免费

大小：4.2 MB

语言：中文

易经占卜

推荐《易经占卜》绝不是宣扬迷信，你可千万别想歪了。易经是中国智慧文化之首，有数千年的积淀，易经所展示给人的，是无限宽广与丰富的宇宙世界。易经在古代是帝王之学，是政治家、军事家、商家的必修之术。“占卜”是对未来事态的发展进行预测，虽然不可能保证准确性，但闲暇时玩玩还是有益身心的。《易经占卜》针对婚姻、事业、财富等具体事例给出了有针对性的释义，可以帮助你答疑解惑，为你的日常生活乃至事业发展提供更多的参考意见。

人的一生总有亨通、困阻、危殆、复兴，预知未来、享乐避险是人之常情，所以希望这个程序能帮助你做到先知先觉，在处理关键问题时能够及早规避风险，躲过困阻，摒除危机，抓住机遇，成就一番人生，抑或享受怡然自得的生活。你可以随心、自由地对待占卜带给你的建议，其实，世间很多事都没有定数，一切全在于你自己的心态。

爱自游

《爱自游》是一款原创的iPad免费杂志，专为中国人提供时尚健康的生活方式，带给你旅游、生活、时尚等全新感受。虽然这本杂志不是传统知名媒体的iPad移植品，不过我相信未来在iPad平台会涌现很多新兴的草根、原创的精华，值得我们共同去发掘和分享。

IPAD原创杂志

爱自游

创刊号
第一期
2010/12

行游中国尽享
边疆风情

本期
免费体验

呼伦贝尔
喀什噶尔 人文之旅
滇西北朝圣之旅

喀什噶尔
人文·旅

喀什疏勒县的巴扎上，瓜摊前是个漂亮的维族小女孩。喀什是久负盛名的"瓜果之乡"，瓜田果树无处不有。喀什地处南疆，阳光充足，气候适宜，为瓜果生产提供了良好的自然条件。喀什瓜果品种繁多，质地优良，营养丰富，一年四季干鲜瓜果不绝于

爱自游

价格：免费

大小：30.7 MB

语言：中文

同类软件推荐

好大夫在线
价格：免费
大小：2.2 MB
语言：中文

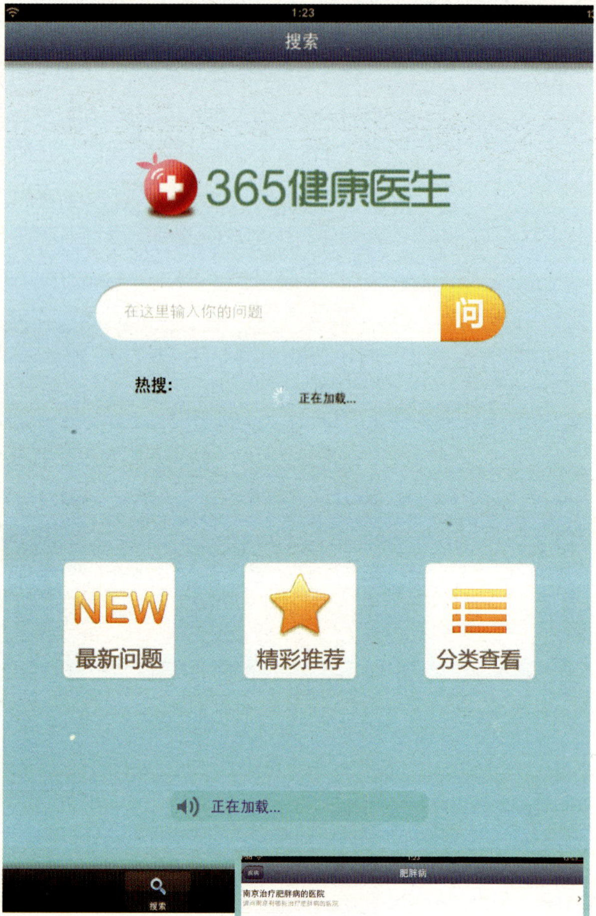

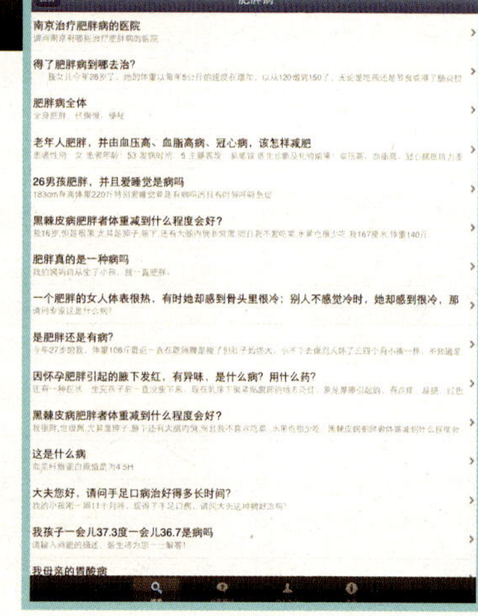

365健康医生

《365健康医生》本身没有什么健康内容，而是一款在线的健康问答软件，同时拥有上万名专家、医生在线，对于有健康相关问题的朋友来说，这种方式还是挺不错的，用一种顺应潮流的说法，这应该是“云健康”的理念。确实有很多问题比如疑难杂症、药品用法需要专业的医生才能帮忙，自己通过网络寻找海量的资讯，夹杂了太多的垃圾。

第10章 玩乐主义新主张（上）

iPad没有实体键盘
甚至连一个控制按键都没有
那么用iPad玩刺激的动作类游戏
仅凭一个多点触摸屏会是什么样的感觉呢
能否给用户带来精彩卓越的游戏体验
在试用iPad之前
这样的疑问曾经一直伴随着我……

极品飞车：热血追踪

Need for Speed Hot Pursuit for iPad

和传统的PC、游戏机不同，iPad没有方向按键，也没有实体键盘，如果是用虚拟触摸按键玩紧张刺激的赛车游戏，设想起来好像不怎么好玩，再说iPad的性能与主流PC、游戏机还是有一定差距的，画面能保证吗？在没开始游戏之前，相信大家跟我一样有着种种疑问，难道用iPad玩赛车游戏就是一“鸡肋”吗？不过凡事都不应该过早地下结论，你说是吗？当我用iPad玩过《极品飞车：热血追踪》以后，我再也不想回到PC上用键盘去控制赛车了，千真万确！

极品飞车：热血追踪

Need for Speed Hot Pursuit for iPad

价格：9.99美元

大小：392 MB

语言：中文、英语等

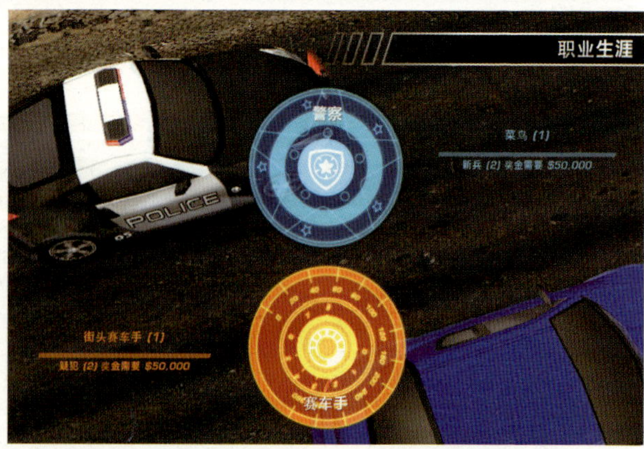

同类游戏推荐

极品飞车：变速

Need for Speed Shift for iPad

价格： 6.99美元

大小： 207 MB

语言： 中文、英语等

大家千万不要忘了，iPad除了具备触摸功能，还内置了重力感应装置（iPad2内置的三轴陀螺仪的功能要比单纯的重力感应装置还更加完善），后者就是iPad玩赛车游戏的关键！运行赛车游戏时将iPad握在手里，就像是握住了无线方向盘，灵敏度极高。这种操控方式带来了更为逼真的游戏体验，是键盘、手柄远不能及的。至于画面就更不用担心了，得益于A5处理器的超高效率，iPad版《极品飞车》无论是在画质上还是流畅度上均不输给主流的家用游戏机与PC，车体的纹理清晰，场景的细节也非常丰富。喜欢赛车游戏的我用iPad玩《极品飞车》时经常玩得忘了时间，甚至有一次还玩得电量不足，而我可是充满了电才玩的啊，要知道iPad的电池是可以用上10小时的，就算是负荷高点的赛车游戏，也不会比这个短多少，看来用“FQWS”来形容一点也不过分。

回到游戏中来，EA旗下的《极品飞车》系列游戏带给了游戏玩家十几年的快乐时光，是赛车游戏中最为璀璨的篇章。这款游戏是货真价实的《极品飞车：热血追踪》iPad版，是赛车迷梦寐以求的游戏，你可以驾驶着如Pagani Zonda一样的超级跑车逃脱法律的制裁，或用Lamborghini Reventon等高速警车阻挡车手的去路，你还可以通过本地Wi-Fi或蓝牙挑战你的好友。与其他版本有所不同的是，脚踩氮气加速时的惯性或操作手刹的感觉则是专门配合iPad更灵活的触摸控制所设计的特别功能，绝对能带给你从未有过的体验！

最后，包括这款游戏在内，iPad上多款赛车游戏都可以自定义操作方式，比如用改触摸方式来控制方向盘等等。不过比较之后，相信大家都会和我一样，认为重力感应实现的无线方向盘是最美妙的操作方式。

无尽之刃 *Infinity Blade*

如果你想看看iPad的图形处理能力究竟有多强，那么《无尽之刃》就是一个不错的选择。这款由虚幻3引擎所制作的动作游戏在iPad上达到了令人叹为观止的惊艳效果，并一度在iPhone和iPad平台的App下载排行榜中排名首位。我是慕名下载了这个游戏，刚进入游戏就被细腻的开场动画震撼了，这是平板电脑吗？完全就是当今主流PC才能达到的效果啊！更让人惊喜的是，游戏画面比开场动画更加精致绚丽，不管近景还是远景都做得十分逼真细腻。

虽然是动作类游戏，但《无尽之刃》为iPad的界面做了很多优化，游戏的操作十分简单，通过手指滑动来攻击敌人，用左右方向键来躲避敌人的攻击，随着剧情的不断深入，主角还会学到更多攻击技能及魔法属性。《无尽之刃》是iOS游戏的一个里程碑，原来平板上的动作游戏的画面也能如此美轮美奂。

无尽之刃

Infinity Blade

价格：5.99美元

大小：548 MB

语言：英语

镜之边缘iPad版 *Mirrors Edge*

每一位玩过《镜之边缘》的玩家肯定都会被它绚丽的画面所震撼，游戏的音乐也非常不错，悠远空旷、紧张快速等等不同风格的音乐都会有。不过这款游戏最大的亮点还是在于自由的操作感，游戏和iPad的结合相得益彰，你只需要一只，或者最多两只手指，便可以控制着主角在这个城市的屋顶、室内快速自由的奔跑、跳跃、攀爬，在遇上监视者或者其他游戏人物的阻挠时，你甚至可以还是依靠手指去和他们战斗，或者躲开。

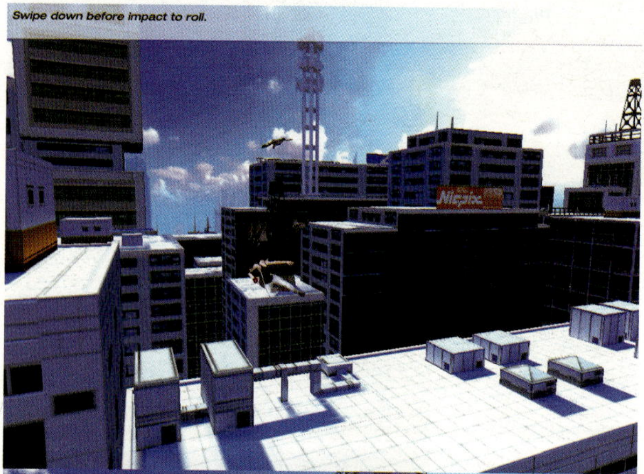

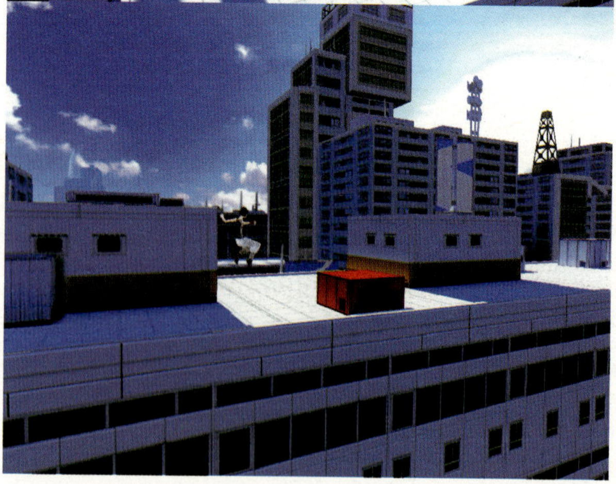

镜之边缘
iPad版
价格： 4.99美元
大小： 123.1 MB
语言： 英语

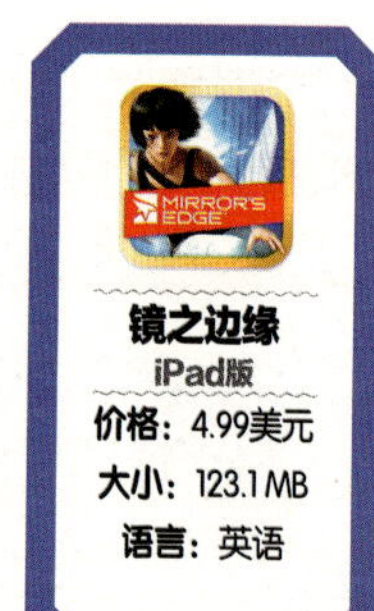

《镜之边缘》是iPad上动作游戏的典范，视觉、听觉和操作上都堪称精品！在iPad上感受并体验飞檐走壁、滑下斜坡、跨上电线，并在屋顶上跳跃，很难想象抛弃手柄，仅仅通过触摸屏就能实现这一切，因为《镜之边缘》，使得我对iPad运行动作游戏的潜力有了全新的认识。当然，上述复杂的动作并非一瞬间就能学会，这一点你不用担心，游戏开始会有操作教学，只需要几分钟你就能掌握各种动作要领了。

游戏默认的是第三人称视角，你可以清楚地看到主角做出各种动作，积累经验，当你的水平达到一定级别后，你还可以切换成为第一人称视角，虽然看不到自己的手和脚了，不过这种视角下的游戏感觉将更加惊险、真实和刺激哦，不信你就赶快试试吧！

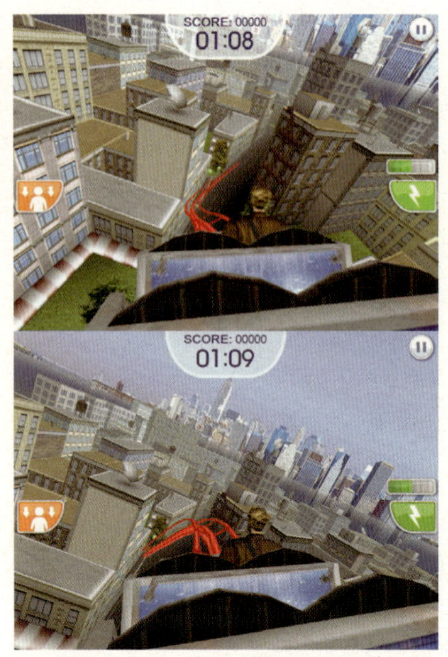

极限城市过山车
Rollercoaster Extreme HD

要想用iPad来体验速度与激情，或许你首先会想到赛车游戏，比如《极品飞车》系列或《实况赛车》系列，那么有没有比赛车更刺激的东东呢？脑子飞快地旋转一下，当然有！游乐园里的过山车就是啊。令人高兴的是，过山车也被做成iPad游戏了，这款《极限城市过山车》容量不大，但每一个玩过的人都感到喜出望外，居然iPad上能玩到那么刺激的游戏，而且还是免费，不少网友还发表评论，说《极限城市过山车》是他玩过的最好的iPad免费游戏。

游戏只有21.8 MB，因此不能指望它的画面细腻程度能与近400 MB的《极品飞车》相比，然而与*Albert HD*一样，一旦你运行了游戏，你就会发现游戏的娱乐性绝非仅仅由画面决定。刚开始，飞驰在城市中的过山车会让你感到心跳加速，甚至头晕目眩，现实世界中的过山车也不过如此。很快你就适应了高速运动的画面，发现自己还可以控制过山车的运转，iPad再一次成为无线方向盘，你只需倾斜你的iPad以躲避障碍或抓住周围的绿色徽章来提升速度，但千万不要碰到红色徽章了，那将会让你的过山车严重减速，以至于无法跑完全程。最值得一提的是，本游戏的主题设定在各个城市之中，所以你可以坐着过山车领略在楼宇间穿梭的极速快感了……慢着，这种感觉怎么很像布鲁斯威利斯经典电影《第五元素》里的穿梭场景呢？那可是需要等到公元2259年才能实现的哦！

我爱投篮 *iBasket Pro HD*

要想在iPad上玩篮球游戏，像*NBA 2011*那样的游戏恐怕就不太适合了，毕竟要操作多个运动员奔跑和投篮，通过触摸屏和重力感应是很难实现的，就算可以实现，难度也是相当的大，非专业玩家不可，失去了娱乐性与趣味性。因此开发商们想到了一个好办法，不用玩球队，只玩投篮，那样就会非常适合iPad了。

我爱投篮
iBasket Pro HD
价格：0.99美元
大小：5.6 MB
语言：英语

同类游戏推荐

Cannon Basket HD
价格：免费
大小：3.1 MB
语言：英语

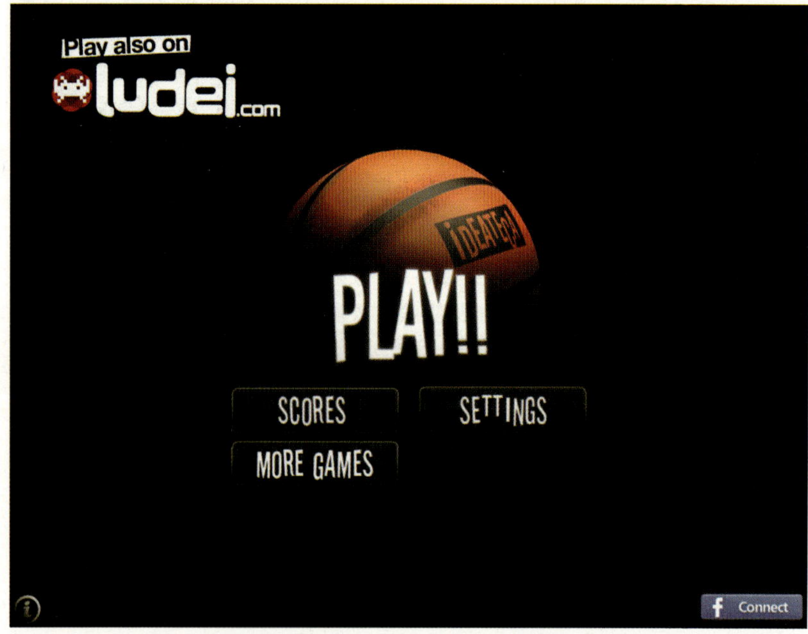

*iBasket Pro HD*是*App Store*中最令人爱不释手的单人游戏之一。游戏的物理引擎设计让玩家能够精准投射，模拟球赛中的投球实感。更棒的是，*iBasket Pro HD*还能让你自行设置投球弧度，使得篮球更加“听话”。这个游戏对准确性的要求较高，所以刚开始你可能会屡投不中，但千万别气馁，随着你对游戏的熟悉，逐渐的你就会成长成为球星级人物，你也能投出比迈克尔乔丹更加精彩的运行轨迹。虽然仅仅是重复投篮这一个动作，但有趣的动作设计与充满悬念的结果，绝对能让你一玩就上瘾！

iBasket Pro HD，你的篮球你做主！

忍者跳跃
Ninjump HD
价格：免费
大小：16.8 MB
语言：英语

同类游戏推荐

Ninjump Deluxe HD
价格：1.99美元
大小：57.8 MB
语言：英语

忍者跳跃
Ninjump HD

这是一款将iPad灵敏的触摸屏发挥到极致的游戏。在这个快节奏的攀爬游戏中，你将会化身为行动敏捷神速的忍者，你的目标是不断的攀高，途中你会遇到松鼠杀手、生气的鸟类和敌方的忍者，他们都会阻挠你“上进”的步伐。你可以从墙的一头跳跃到另一头，通过收集能量盾挑战你的对手，躲过重重障碍干掉一个个拦路的敌人。游戏的节奏非常快，画面非常绚丽，音效也非常刺激，让你身临其境。

游戏玩法很简单，就是用你的手指来操控忍者的攀爬路线即可，途中不断有小鸟、跳跃的松鼠、对方的忍者扔飞镖等来阻碍你，你要不断的躲避这些障碍。另外，玩的过程中最好多收集和使用能量盾，当你成功将同样的三只小鸟或松鼠干掉时，它们还会“化敌为友”，辅助你向上冲。该游戏免费版已经足够好玩，而完整的收费版价格也不贵。

空中歼灭战

AirAttack HD

这是一款制作精良、以二战为背景的空中射击游戏，也是一款iPad上优秀的3D画面飞行射击游戏，算得上是同类游戏中的佼佼者，该游戏逼真的画面和爽快的射击感让人欲罢不能，你就像是亲身飞赴战火纷飞的天空战场，热血沸腾。

空中歼灭战

AirAttack HD

价格： 0.99美元

大小： 53.1 MB

语言： 英语

同类游戏推荐

Stea MBirds HD

价格： 2.99美元

大小： 16.5 MB

语言： 英语

在游戏中，你将担任王牌飞行员的角色，突破敌人的重重阻碍从而获得胜利的荣耀则是你追求的终极目标。游戏里总共有多达58种不同造型的敌人战机，它们将在8个关卡内不断的对你驾驶的战机发起疯狂的攻击。关底的BOSS更是拥有各种强大的攻击武器，令你的荣耀之路充满挑战。这款游戏的细节设计是最值得称道的，光影效果就不用说了，就连关卡中的各种桥梁建筑，还能通过投掷炸弹将其摧毁，令游戏的真实感更为提升。气势恢宏的配乐也能让你血脉贲张，看得出开发商在游戏气氛的烘托上也下足了工夫。

疯狂滑雪板
Crazy Snowboard

给炎炎夏日添上几分清凉吧，这可是苹果公司的编辑最喜爱的游戏之一哟！这款以单板滑雪为主题的游戏赢就赢在创意上，玩一把极限滑板是多少人可望而不可及的梦想啊，而今天iPad就可以帮你完成这个梦想了！游戏中你不仅可以完成普通的滑板滑雪，还可以做出很华丽的动作，比如在跳台上做一个完美的3周转体……玩这个游戏时千万要小心，别把自己的iPad甩出去了。

这个游戏容量不大，价格也比较实惠，尽管小巧，但开发商也考虑得很周全，不仅有免费的试玩版，还有1.99美元的Pro版，不论你是想浅尝辄止还是深入研究，都能找到最适合自己的解决方案哦！

同类游戏推荐

Crazy Snowboard Lite
价格：免费
大小：19.6 MB
语言：英语

Crazy Snowboard HD Pro
价格：1.99美元
大小：24.7 MB
语言：英语

真实高尔夫2011

Real Golf 2011 HD

想玩高尔夫吗？无奈囊中羞涩，能亲临球场感受高尔夫的朋友毕竟还是少数。现在iPad上的高尔夫游戏大作来了，让你到最著名的球场和世界上最好的球员进行比赛，赶快来过把瘾吧！

回想20年前，红白机上的高尔夫游戏就是我的最爱，那时小伙伴们都喜欢玩，而那个游戏的画面在今天看来实在是太寒碜了。如今iPad上的《真实高尔夫2011》不仅有清晰的全三维图形，还有全中文的界面，更吸引人的是全球十多个著名高尔夫球场都会在游戏中真实展现！通过触摸屏实现的操作手感也是倍感敏捷，你也来试试吧！

真实高尔夫2011

Real Golf 2011 HD

价格：0.99美元

大小：460 MB

语言：中文，英语

同类游戏推荐

大家高尔夫2 HD

价格：4.99美元

大小：441 MB

语言：中文，英语

动感赛车2
Rhythm Racer 2 HD
价格：免费
大小：21 MB
语言：英语

动感赛车2
Rhythm Racer 2 HD

iPad上经常会出现一些令人惊叹的免费游戏，这款《动感赛车2》就是其中之一。游戏除了让你感受在外太空高速飙车（准确的说不是车，像飞机）的快感，还拥有比画面更加震撼的音乐效果！《动感赛车2》里的音乐都是著名音乐人的大制作，只需几秒钟，你就能感受到个中不同。开赛车是享受，听着音乐开赛车更是让人流连忘返。

涂鸦跳跃特别版：开运兔

Doodle Jump: HOP The Movie

很多玩过涂鸦跳的朋友都说，这是一款比《愤怒的小鸟》更好玩的游戏！游戏的目的很简单，你需要控制主角不停地往上跳，类似经典游戏《是男人就下100层》，只是方向颠倒了一下。尽管看似简单，但这款游戏却让无数人为之倾倒。《开运兔》是该系列游戏的免费特别版，游戏中主角换上了兔子装扮，超级可爱。

涂鸦跳跃特别版：开运兔

Doodle Jump: HOP The Movie

价格：免费

大小：16.9 MB

语言：英语

麋鹿猎人

Deer Hunter Challenge

猎鹿一直是欧美游戏的热门题材，如今《麋鹿猎人》让你在iPad上也可以享受猎鹿的体验了。这款热门狩猎游戏的操作很简单，只需选择用得顺手的枪械（可按个人喜好略微改造），看准时机射击即可（游戏有成长系统，你的稳定性和准确性逐步提升）。喜欢狩猎的玩家不容错过哦！这里要提醒你的是，游戏虽然免费，但游戏内置了辅助收费插件，且收费不菲，因此你如果玩得够好，就不需要这些额外的开支了。

麋鹿猎人
Deer Hunter Challenge

价格：免费
大小：336 MB
语言：英语

枪械之王 *Overkill*

《枪械之王》是一款画面非常火爆的第一人称射击游戏，其中最大的亮点是提供12种可以升级改造的武器，这些武器可不是虚幻的，都是真实存在的武器如AK-47、M4A1等等，游戏的升级系统也十分细致，包括瞄准镜、枪托、弹夹、枪管在内的部分都可以进行改造，零件数量之多，可以带来多达100种以上的组合，你可以打造属于你自己独一无二的强力武器！如果你喜欢射击游戏，又是武器迷，那这个游戏必将成为你的最爱。

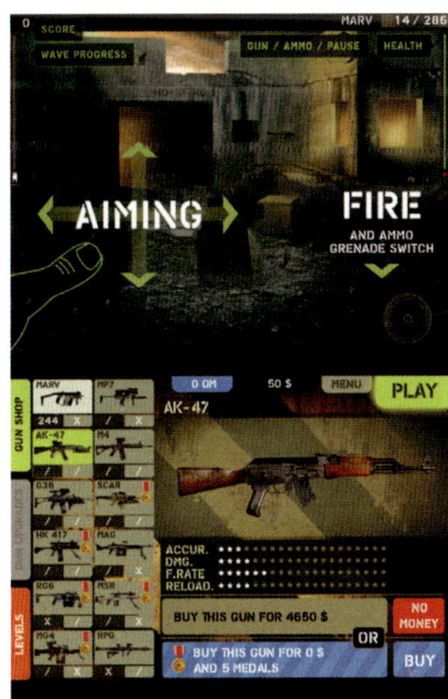

枪械之王
Overkill
价格：免费
大小：77.1 MB
语言：英语

指尖曲棍球

Touch Hockey Extreme

大家应该玩过桌式曲棍球吧，和几个朋友轮流对战，还是很开心的。如今又有有心人将快乐移植到了iPad上，让你可以随时随地都能和朋友体验那份快乐。游戏采用触摸控制，对技巧要求很高，你可以和不同难度级别的电脑对战，也可以和朋友在同一台iPad上玩。曲棍球题材是iPad上很受欢迎的一个系列游戏，还有《空气曲棍球》（*Air Hockey Gold*）也很火爆，而且这些游戏都是免费的哦！

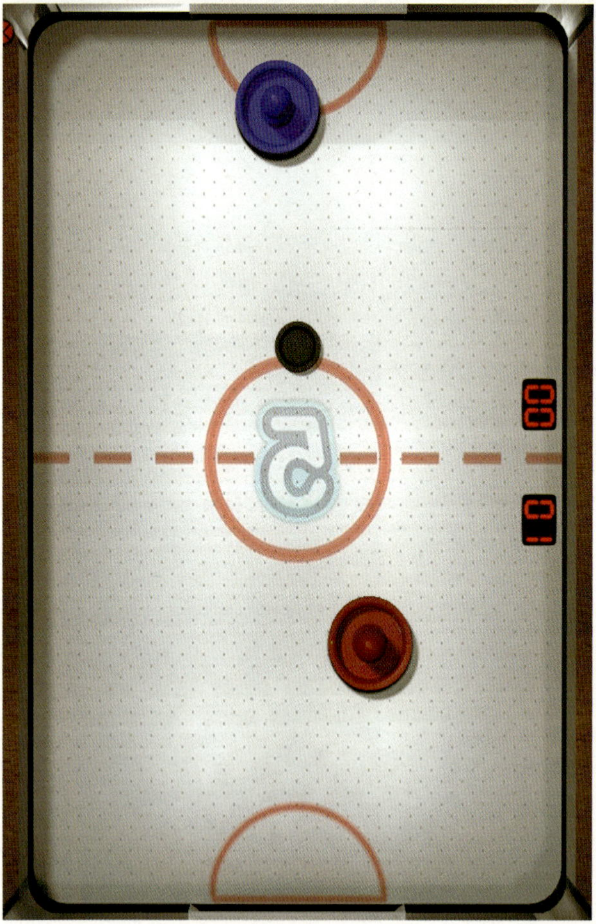

指尖曲棍球

Touch Hockey Extreme

价格：免费

大小：12.8 MB

语言：英语

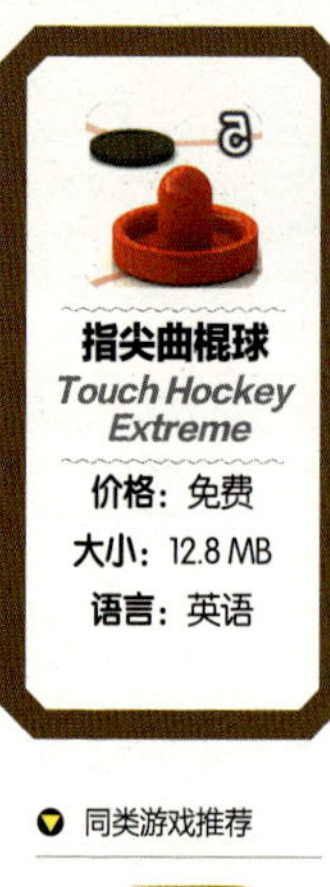

同类游戏推荐

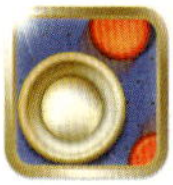

Air Hockey Gold

价格：免费

大小：10.5 MB

语言：英语

美女大战僵尸 HD免费版

美女大战僵尸
HD免费版
价格：免费
大小：72.4 MB
语言：中文、英语

午夜城市街头，当美女邂逅僵尸，你认为会发生什么？当然是——快闪！

虽然有《植物大战僵尸》大红大紫，不过《美女大战僵尸》也是巾帼不让须眉，不但关卡丰富，多种趣味玩法也让你手中的iPad更能展现其独特的魅力！你可以选择手指触控操作，也可以选择摇晃iPad实现重力感应操作，不论如何，你千万不能让美女被僵尸触及一根毫毛。城市夜惊魂，虽然恐怖但也充满刺激。

同类游戏推荐

美女撞僵尸 HD
价格：1.99美元
大小：23.5 MB
语言：中文、英语

美女大战僵尸 HD
价格：3.99美元
大小：82.8 MB
语言：中文、英语

猎人和狼II
Hunter and Wolves HD II

初中时，我们都学过蒲松龄的《狼》：一屠晚归，担中肉尽，止有剩骨，途中两狼，缀行甚远……那时咱们只能想象，今天我们却能在这猎人与狼的游戏中体验一把被狼围攻的恐惧。

游戏是通过重力感应控制的，调整iPad的位置，保持平衡，躲开群狼，坚持就是胜利！喜欢刺激的你，快来躲狼吧！

同类游戏推荐

Hunter and Wolves HD

价格：0.99美元

大小：19.4 MB

语言：英语

猎人和狼II

Hunter and Wolves HD II

价格：2.99美元

大小：36.3 MB

语言：英语

鲁莽赛车

Reckless Racing HD

价格：4.99美元

大小：59.3 MB

语言：英语

同类游戏推荐

Trial Xtreme

价格：免费

大小：21.1 MB

语言：英语

鲁莽赛车

Reckless Racing HD

这绝对是一款与众不同的赛车游戏！以前玩赛车游戏的时候，不论怎么切换视角，自己都是坐在车里的，可你想象过坐在直升飞机上遥控和监视自己的汽车吗？由EA推出的这款新颖的赛车游戏就能带给你这种不一样的感觉，你可以体验到在普通公路、沥青路和土石路等等各种不同路面上驾车狂奔的刺激感。游戏的音乐有着美式乡村音乐的味道，节奏欢快而富有动感，当然，你听到更多的应该是各种过弯漂移和刹车打滑的声音。

战火兄弟连2
Brothers In Arms2: Global Front HD

价格：0.99美元

大小：252 MB

语言：中文

战火兄弟连2

Brothers In Arms2: Global Front HD

《战火兄弟连》系列也是一个多平台作品，当你在iPad上玩起时，你甚至会忘记自己手里是一台小巧的平板电脑，因为这款游戏实在是太宏伟了，荡气回肠，视觉上和听觉上都绝对令人惊艳。

不需要再多的语言介绍，你只需知道，iPad在操作这样的第一人称射击游戏时非常顺手，丝毫没有拖泥带水的感觉。

Contract killer

价格：免费

大小：320 MB

语言：英语

足球大战僵尸

Pro Zombie Soccer

僵尸！又是僵尸！人类再次面临着僵尸的威胁，幸存的人在充满了僵尸的城市里苟延残喘着……而作为幸存者之一的你，也在一次寻找食物的路途中被僵尸袭击了。但是在打倒僵尸后，你意外地获得了一样对自己来说很有保命价值的东西——足球。只要有足球，就能消灭袭来的僵尸，但你的脚法必须精准，如果像国足一样，那么你的生命就会被严重威胁。

游戏的画面可谓是很红很暴力，一记强劲的大力抽射，就能让一只僵尸四分五裂或者被爆头，四处飞溅的鲜血让人不由得感觉这些僵尸是不是血袋子做的，咋就那么能飙血呢？不过这样的视觉效果是非常棒的，很有爽快感。

足球大战僵尸

Pro ZomBie Soccer

价格： 1.99美元

大小： 199 MB

语言： 英语

勇猛二兄弟
Gun Bros

这是一款第三人称双摇杆设计作品，左手控制行走的方向，右手控制射击。游戏画面很精良，动作和打击感也很震撼。生存射击类作品有时候会让人产生孤独感，尤其是难度较大的关卡，所以过去大家应该都更喜欢玩双人模式下的《魂斗罗》和《双截龙》吧。在《勇猛二兄弟》里，你也不再是孤军奋战，会有另一位“好兄弟”陪伴着你，共同完成任务，而且这位由电脑控制的“好兄弟”非常智能，甚至比你自己还要强悍得多哦。

勇猛二兄弟
Gun Bros
价格：免费
大小：210 MB
语言：英语

同类游戏推荐

Crazy John
价格：1.99美元
大小：24.7 MB
语言：英语

第11章 玩乐主义新主张（下）

为什么现在才开始介绍

休闲、益智、策略类游戏

要知道

很多很多的玩家正是因为这个才买iPad的啊

类应用是iPad的强项

最精彩的东西

当然要留到最后了

植物大战僵尸
Plants vs. Zombies HD
价格：6.99美元
大小：49.4 MB
语言：英语

植物大战僵尸
Plants vs. Zombies HD

植物大战僵尸，这个名字好熟悉啊，不是最开始就在PC上玩过吗？是的，以前你应该在PC上玩过或看到过这款游戏，但在iPad上玩的效果绝对和PC版不一样。其实早在iPad上市之前，《植物大战僵尸》在iPhone上就已经红透半边天了，这款游戏就是专门为多点触摸屏准备的。PC上只有一个鼠标，而iPad上你可以同时用上你的十个手指头！你可以用左手五个手指同时收集阳光，右手收集金币；还可以左手选择植物，右手安排位置，丝毫没有时间差。如果是在PC上，就算你的鼠标点得再快，拖拽得再迅速，都远远无法和iPad上十个手指一起发力相比啊！很多人都说，玩《植物大战僵尸》时，双手就像在iPad上弹钢琴一样，特别是在打“无尽的任务”时，十个手指全用上的话，会大大提高你的得分。

《植物大战僵尸》是iPad上不可不玩的经典游戏，至今还是*App Store*中国地区畅销榜第一名，一款游戏至少火了两年，这不能不说是个奇迹。《植物大战僵尸》能那么火也是实至名归的，一是上手容易，即使没有中文也不会影响游戏的娱乐性，男女老幼都会喜欢这个游戏，二是趣味性和观赏性都很强，玩起来既愉快又温馨，甚至有很多玩家是因为这个游戏而购买iPad或iPhone。开发商PopCap也因为这个游戏创造了一夜暴富的神话。在《愤怒的小鸟》横空出世以前，几乎所有媒体都把《植物大战僵尸》作为iOS平台游戏的唯一代表作。

愤怒的小鸟 Angry Birds HD

与《植物大战僵尸》不同，很多玩家初次接触《愤怒的小鸟》是通过手机平台。在人气方面，这款游戏是迄今为止全球范围内唯一能和《植物大战僵尸》一较高下的作品，连续数月都在*App Store*排名榜首。《愤怒的小鸟》讲述的是一群身怀绝技的鸟儿们，为了夺回自己的领地，借用一把超级弹弓，使出不同的绝招，打败那些躲起来的坏蛋（绿色小猪）。为了打败敌人，小鸟们不惜牺牲自己的生命，前赴后继地扮演“董存瑞”，颇有些悲壮色彩，不过因为是游戏，反倒显得更加诙谐有趣了。

同类游戏推荐

Angry Birds Rio HD Free

价格：免费

大小：16.6 MB

语言：英语

Angry Birds Seasons HD Free

价格：免费

大小：16.3 MB

语言：英语

游戏的玩法很简单：拉动弹弓（小鸟会自动排队充当弹弓上的“石子”），调整角度，放开弹弓，攻击对手。游戏的画面也可以放大缩小，方法与用iPad看照片时一样。该游戏最关键的地方是你要找准发射的角度与力度，对抛物线的弹道要有充分的理解，否则是很难完成任务的。当你通关之日，也就是你愤怒之时。难怪有人评价说“愤怒的小鸟，抓狂的老爸”。当然，如果你不是一个完美主义者，那就凭运气折磨自己吧，或者去网上查查攻略。值得一提的是，不久前《愤怒的小鸟》也推出了PC版本，但完全没有火起来，原因很简单，在iPad上你是用自己的手直接去拉弹弓，在PC上你是用鼠标控制一个虚拟的手去拉弹弓，就是这个游戏操控方式的“差之毫厘”，导致了游戏娱乐性的“失之千里”。

《愤怒的小鸟》火了以后，开发商Rovio Mobile不失时机地推出了多个姊妹篇，比如针对节日的Seasons版和与21世纪福克斯电影公司合作推出的RIO版等等，因此在*App Store*里可以看到多个《愤怒的小鸟》相关作品，如果你是该游戏的狂热爱好者，那么强烈推荐你一个接一个的慢慢享受。如果你只是想尝尝鲜，看看这个游戏究竟是怎么玩的，那么几款免费版的“小鸟”也可以供你试玩很长一阵了。

Albert HD

从游戏图标上看，Albert方方正正的小脑壳十分可爱，但也有些简陋，不过如果你由此就认为这款游戏简单幼稚，那可就大错特错了！一旦你进入到Albert的世界，你将会有很多神奇的发现，而且是惊喜不断，难以自拔。这款以高清静态图像为主的游戏有着令人难以抗拒的独特魅力，不仅趣味性十足，还充分融合了iPad的各种功能。游戏的第一关是最常见的触控，你需要“破坏”屏幕里一个又一个响起的闹钟，确保主人翁继续享受美梦；第二关就变成了体感游戏，摇晃手中的iPad，帮助香皂通过复杂的管道到达Albert手里……一共14个小游戏，各不相同，到了后面还会用到麦克风和速度感应，你能想象用吹气和鼓掌来控制游戏吗？

没有复杂的3D渲染，没有震撼的特技音效，不过*Albert HD*带来的游戏乐趣却是大量3D游戏无法比拟的。清新明快的游戏画面，轻松优雅的背景音乐，充满创意的剧情模式，或许这些才是游戏的真谛哦。这款游戏在*App Store*里的评分也是出奇的高，足以看出大家对Albert的喜爱。还等什么呢？赶快叫上你的家人、朋友，一起来跟Albert度过愉快的一天！

三国塔防贺岁版 HD

价格：免费

大小：70.2 MB

语言：中文、英语等

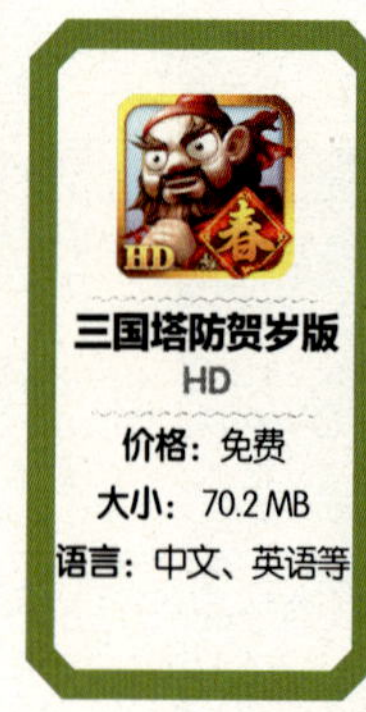

三国塔防贺岁版 HD

如果你过去曾经热爱光荣公司（KOEI）推出的各款战棋类游戏，而且热爱历史，尤其是三国时期的群雄逐鹿，那么你可千万不要错过这款好玩又免费的《三国塔防》。这是一款以中国历史上著名的三国时代为故事背景的塔防游戏，游戏方式极具趣味性，游戏的画风和音乐都极具中国传统文化特色。作为一款塔防游戏，《三国塔防》与过去大家熟悉的战棋类游戏（如英杰传和曹操传）还有一些不同，可以理解为战棋类游戏与即时战略类游戏的完美结合，既要运筹帷幄，也得眼明手快。这款游戏除了具备精美的画面、丰富的关卡设置、多兵种的敌人，还独具匠心的在其中加入武将系统以及RPG游戏的收集、升级等元素，在游戏设计方面很有创意。

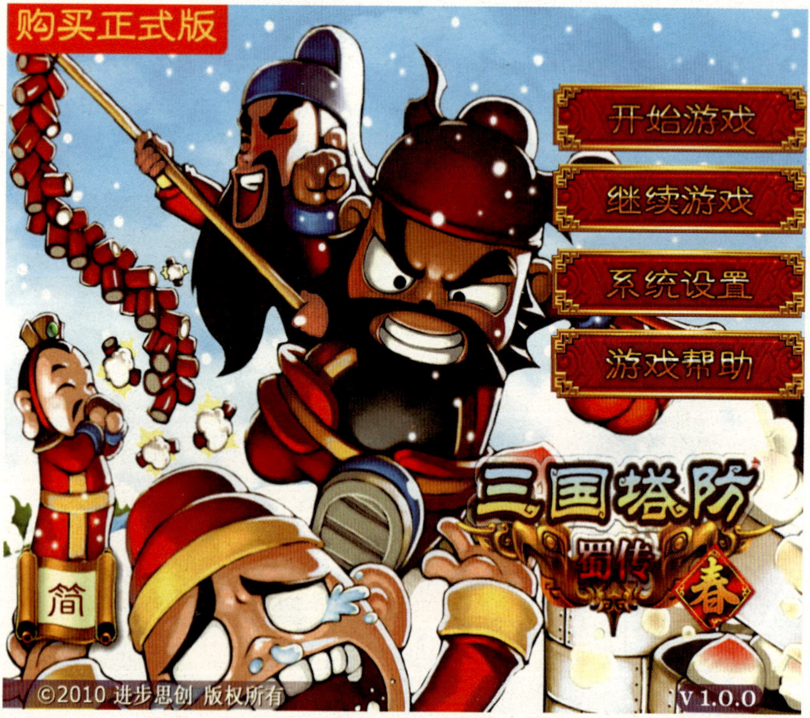

同类游戏推荐

三国塔防：蜀传HD

价格：3.99美元

大小：137 MB

语言：中文、英语等

用触摸屏控制游戏，感觉要比键盘+鼠标的效率高多了，左手点了关羽，右手就能瞬间将他安排到需要的地方，这是不是比鼠标点击、拖拽要更加惬意呢？由于添加了即时成分，《三国塔防》的难度比普通的战棋类游戏提高了不少，当你发现自己的武将站错了位置，眼睁睁看着敌人的一队人马长驱直入直捣黄龙，那时想后悔也来不及了，只能含泪又含恨地点击“Replay”，不过多玩几次后，真的会感觉这种游戏模式要比PC上传统的战棋类有趣得多。

水果忍者 *Fruit Ninja HD*

我切，我切，我切切切！我的目的只有一个，就是切水果，更准确地说，是砍水果！我的手指就是我的剑，屏幕上会不断跳出各种水果——西瓜、凤梨、猕猴桃、草莓、蓝莓、香蕉、苹果等等——我需要在它们掉落之前快速的全部砍掉！不过千万不能砍到炸弹，不然就一瞬间over了。“人剑合一”的最高境界，想必也就是如此吧。

我看到空中飘来飘去的西瓜、草莓、苹果……我的手指滑出一道道漂亮的弧线，色彩各异的果汁溅在日式忍者风格的背景画上，那种感觉何其爽哉，顿时什么压力都没有了。我原以为这款游戏只适合成人减压的，没想到，朋友家2岁半的孩子也特别喜欢玩，不过他更热衷于滑炸弹……

这款游戏有多种模式可以玩，基本模式（Basic）、时间模式（Time）和挑战（Challenge）模式，iPad用户还可以玩对战模式，选中对战模式之后iPad便分为两个小屏幕，玩家可以比一比谁的刀法更快更准，如果是一刀切了3个水果以上还会有加分哦！每天吃完晚饭，便与身边的家人一起切切水果，真的是其乐无穷。

水果忍者

Fruit Ninja HD

价格：2.99美元

大小：33.9 MB

语言：英语

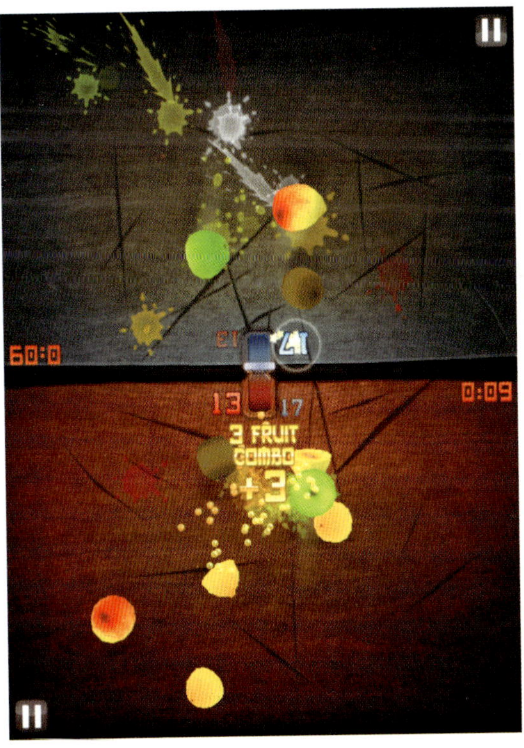

同类游戏推荐

Fruit Ninja HD Lite

价格：免费

大小：17.5 MB

语言：英语

咔咔嘭HD Basic

价格：免费

大小：16.3 MB

语言：英语

扔纸团

Paper Toss HD Free

风速是每秒5.16米，如何才能让手中的纸团乖乖地掉进正前方5米外的垃圾桶呢？朝着正前方扔显然是不行的，当然需要往逆风方向使点力气了，可这个力气不好掌握呀，轻了，纸团就被风吹走了，重了，纸团同样掉不进目标范围。好不容易有些经验了，可换一个房间后，一切又和从前不同了……没错！这就是曾经在iPhone和iPod Touch上倍受欢迎的《扔纸团》游戏，超过3 000万人都对这个游戏爱不释手，如今这一游戏已经成功登陆iPad，画面比iPhone版更加精致细腻了，由于iPad的屏幕更大，操作起来也更加得心应手。

扔纸团

Paper Toss HD Free

价格：免费

大小：18.2 MB

语言：英语

同类游戏推荐

Paper Toss: World Tour HD

限时免费

价格：免费

大小：54.6 MB

语言：英语

10 Pin Shuffle (Bowling) Lite

价格：免费

大小：13.5 MB

语言：英语

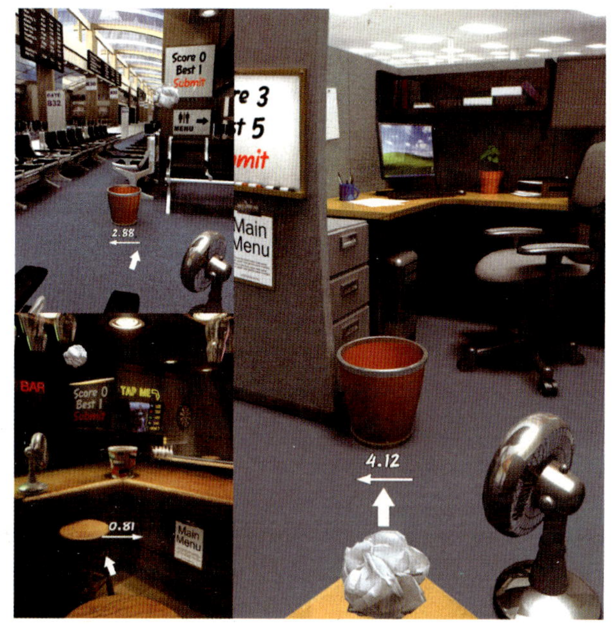

游戏有多个难度、多种场景可供选择，尽管是扔纸团这样一个简单、重复的小动作，依旧能让你充满乐趣和惊喜。相信你在办公室、家里或街道上也有过现实版的“扔纸团”经历，当然你扔的不一定是纸团，还可能是果核、饮料瓶，当然还有垃圾袋，如果失败了，不但不环保，而且你很难有机会再重新“演练”一次，因此你对自己的投掷精准度总是充满好奇和期待。《扔纸团》游戏成功解决了这个难题，你可以看着自己的投掷精准度越来越高，直到最后达到专家级别，那种成就感真的是难以用言语来形容的！

《扔纸团》轻松有趣的游戏风格已让无数人着迷，你还不赶紧尝试一下？由于该游戏很受欢迎，开发商还推出了更高级的《扔纸团：世界巡回版》（*Paper Toss: World Tour HD*），游戏的场景从房间里转移到了世界的各个角落，有风光迷人的海滩，优雅古典的欧洲小街，树木丛生的热带雨林，闻名遐迩的印度泰姬陵，甚至还有热焰滚滚的火山口……如果喜欢这款游戏，那可千万别错过这个更精致的版本，而且它还是限时免费的！

迷宫滚球2 *Labyrinth 2 HD*

这是一款充分利用了iPad重力感应功能的游戏，你必须通过倾斜、摇晃手中的iPad，让滚珠在迷宫中行走，直至走出迷宫。游戏的挑战层级相当多，每级都有一些特别的障碍，如开关、大炮、激光、电风扇和缓冲器等等。游戏还提供了地图编辑器，你可以创作独一无二的地图来挑战更高级别的难度，并通过多人游戏模式将其与他人分享，同时也可以下载他人创建的地图。

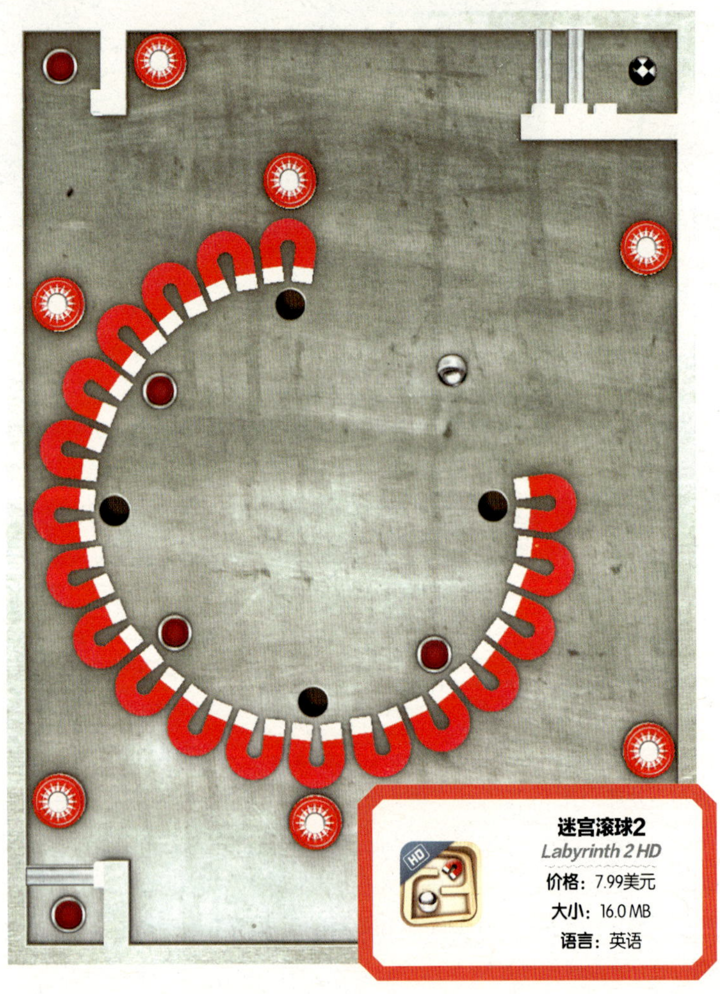

迷宫滚球2
Labyrinth 2 HD
价格：7.99美元
大小：16.0 MB
语言：英语

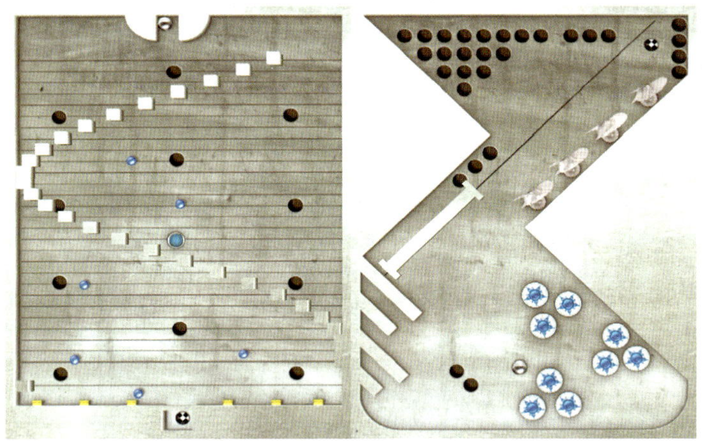

如果你很喜欢这样的滚球游戏，觉得只玩这一个游戏还不够过瘾，那么还可以尝试一下它的前作，也就是滚球游戏的鼻祖——*Labyrinth*，价格更加便宜，只要2.99美元。与新作相比，第一代*Labyrinth*的地图没有那么多形态各异的机关，但更加考验你对球路与速度的掌控，值得尝试。当然，如果你对这类游戏的可玩性还不太了解，有些疑虑的话，开发商也提供了免费的*Labyrinth 2 HD* Lite供你试玩。

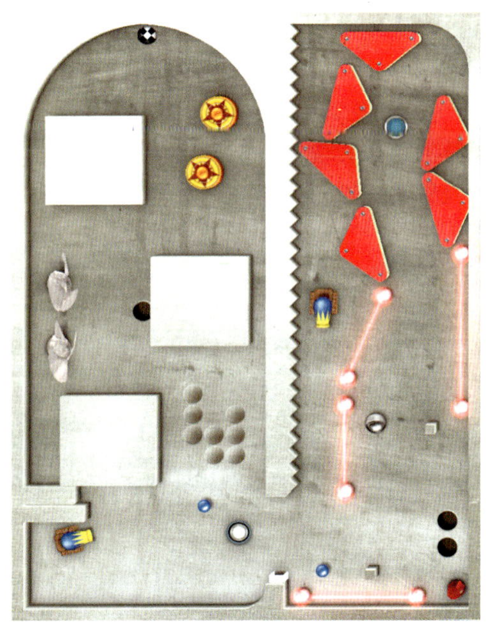

同类游戏推荐

Labyrinth 2 HD Lite
价格：免费
大小：16.6 MB
语言：英语

Labyrinth
价格：2.99美元
大小：18.2 MB
语言：英语

坚守阵地
Fieldrunners
价格：7.99美元
大小：164 MB
语言：英语

坚守阵地
Fieldrunners

《坚守阵地》（*Fieldrunners*）是塔防类游戏中当之无愧的经典之作，甚至被很多塔防爱好者称为“神作”，在全球范围都很受欢迎，也是2010年iPad上十佳游戏之一。如果说《三国塔防》是中文塔防游戏的经典之作，那么《坚守阵地》则是英文塔防游戏的代言人，如果能克服语言障碍，其游戏内涵与娱乐性都要远超前者。

游戏的玩法不算难，用各种各样的战术和战略，抵挡一波又一波的进攻，通过打小怪赚钱，买右下角的装备进行防守（触摸右下角的装备移动到您指定的位置即可），所有这一切的目的都是为了防止敌人进入塔内，一旦敌人进入塔内，游戏也就Game Over了。这款游戏画质非常精美，兵种倒下后的姿势都刻画得极为细腻，如果没有亲自玩过是很难想象的。

《坚守阵地》也是一款在iPhone上人气很高的经典塔防类游戏，登陆iPad后，更大的屏幕与更高的分辨率使其更显魅力非凡！

同类游戏推荐

哥布林入侵
价格：免费
大小：45.1 MB
语言：中文、英语

红色警戒

Command & Conquer Red Alert for iPad

在iPad上玩即时战略游戏，不但可以，而且感觉还很不错！这款《红色警戒》被Engadget.com评为“移植到平板平台上最佳的即时战略作品”，足以证明其品质和影响力。游戏取材于经典PC游戏《命令与征服之红色警戒》，如果你曾经在PC上玩过，你一定对游戏里的建筑、兵种甚至配音都充满感情。iPad的大屏幕足够让《红色警戒》这样的即时战略游戏得到完美的展现，建筑的安排与兵种的控制都不会有束缚感，视觉效果已经可以与PC齐平。至于操控，那也是出乎意料的好！虽然少了标准键盘，但多个手指并用，灵活度已经超越了PC上孤零零的鼠标，就像即时战略游戏也是为iPad量身打造一般！

你可以选择控制苏联、盟军或者帝国，每一方的军队都有各自的特点，需要你静下心来慢慢研究一番。游戏还具备1.5倍地图放大功能，当兵种密集作战时就能派上用场。由于支持Wi-Fi和蓝牙多人对战模式，如果你身边有人拥有iPad、iPhone或iPod Touch，你就可以轻松地与他联网交战，其乐无穷！想当年《红色警戒》一直都是PC即时战略游戏的代表，直到《星际争霸》的出现才重新书写了历史，这里我们不仅要问，《星际争霸》的iPad版何时才能和我们见面呢？真的非常期待《星际》与《红警》在iPad平台继续上演白热化的竞争。

同类游戏推荐

Land Air Sea Warfare HD

价格： 9.99美元

大小： 58.7 MB

语言： 英语

红色警戒

Command & Conquer Red Alert for iPad

价格： 4.99美元

大小： 83.3 MB

语言： 英语

同类游戏推荐

Cut the Rope HD

价格：1.99美元

大小：29.9 MB

语言：英语

Cut the Rope: Holiday Gift

价格：免费

大小：19.7 MB

语言：英语

可爱怪物的糖果

Cut the Rope HD Lite

这是一款老少皆宜的益智小游戏，自打推出后便受到热捧，尤其是小孩们都非常喜欢。游戏一开始，你收到了一个神秘的包裹，里面装有可爱的小魔怪和一个用各种绳子绑起来的糖果。游戏的方式很简单，用手在屏幕上滑动，剪断绳子，想尽办法让糖果掉进小魔怪的嘴里，其简单的操作、搞怪的游戏主题、欢快的音效和精细的童话风格画面的确和《愤怒的小鸟》有得一拼，这里推荐的是免费的试玩版本，如果喜欢这款游戏，你还可以购买1.99美元的完整版。

随着游戏的进行，你需要根据不同的情况去切断糖果的绳子、点破气泡或者按触吹气装置等等，来使糖果掉到那可爱的小怪兽嘴里！完整版游戏有四大关卡，共100小关，另外还有免费的节日礼物特别版可以下载，对风格轻松而且挑战要素丰富的益智游戏感兴趣的话，这款《可爱怪物的糖果》非常适合你。

可爱怪物的糖果

Cut the Rope HD Lite

价格：免费

大小：19.2 MB

语言：英语

攻城塔-双人战

踏入中世纪战场，筑造更高的攻城塔来占领敌人的城堡吧！

《攻城塔-双人战》是一款特别为只有一台iPad的两个玩家设计的双人对战游戏，在这个节奏快、趣味多的游戏里，你们的任务很简单：只需将木头、钉子、大炮拖放到板车上，以便你可以建造更高的塔，谁的塔更高，谁就获胜。然而在通向成功的道路上有三道障碍，它们是地球引力、滴答作响的钟表和另一个企图筑起更高的攻城塔并且将大炮瞄准你的玩家。

《攻城塔-双人战》的游戏内容是完全随机的，从而使得这款休闲游戏每次都会给你不一样的体验。每一个回合都会出现不一样的组合（当然游戏双方是绝对平等的），你可以自由拖移材料，并且自由点击进行旋转。等时间一结束，战役一开始，你就会立刻知道你所建造的攻城塔是否牢固了。这是一款非常适合在咖啡厅、火车、家等地方玩的理想游戏，假如身边没有朋友的话，那么你还可以进入单人训练模式为以后的双打做准备哦！

合理运用力学原理巧妙搭建，不要让搭建起来的木头崩塌下来，不要让你忠诚的骑士们因为你的疏忽而输掉了战斗。

萝莉快跑

想挑战自己的协调能力吗？快快进入小萝莉的咖啡屋世界吧！ 限定时间内服务好每一位不同性格的顾客，合理分配入座顺序，闯过一关又一关的客流高潮……虽然是一款免费游戏，但这款游戏可爱的界面与欢快动感的背景音乐很快就让我感到心情异常愉快。小萝莉既要安排位置和清扫，还得负责与厨师沟通做饭，另外还可以自己亲自做，刚开始玩还真的很不习惯，貌似PC上还从没有过这种新奇的玩法，尽管这款游戏用鼠标也可以实现基本操作。

萝莉快跑

价格：免费

大小：13.1 MB

语言：中文

同类游戏推荐

Diner Dash: Grilling Green

价格：4.99美元

大小：28.5 MB

语言：英语

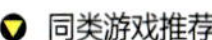
同类游戏推荐

AirportMania: First Flight HD Lite

价格：免费

大小：12.7 MB

语言：英语

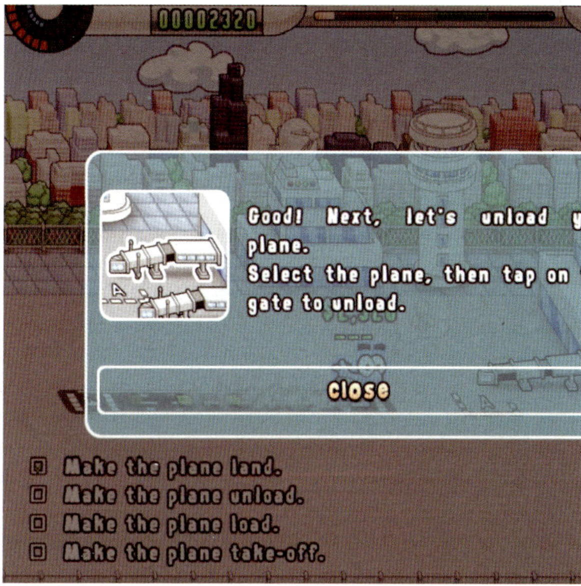

疯狂机场：首次飞行

Airport Mania: First Flight HD

《疯狂机场：首次飞行》是一款经营管理类休闲娱乐游戏，可爱的飞机造型、简单的操作与温和舒缓的音乐成为了这款游戏的主打。游戏中，每完成一个关卡，都会有相应成绩的金钱奖励，金钱则可以升级和购买机场的设施。这款游戏会考验你的指挥协调能力，如果你玩得炉火纯青，不妨去机场应聘试试。

这款游戏也有精简后的免费版供你试玩，经营管理类游戏在iPad上种类很多，不过像《疯狂机场：首次飞行》这样小而精的作品还是不多见的。

疯狂机场：首次飞行

Airport Mania: First Flight HD

价格：1.99美元

大小：18.5 MB

语言：英语

太空乒乓战 *Paddle Battle*

iPad上支持双人同机作战的游戏越来越多了，有了大屏幕这个优势，当然要充分运用啊！这款游戏的主要特色就是支持双人在同一个iPad上对战，游戏提供多达17种疯狂的武器，和一共14个怪异的场景，游戏画面不错，而且比较休闲，但玩起来并不容易，很考技巧，最好是等你自己练得足够纯熟了再去找朋友对战，那样你就可以充分享受“虐待别人”的滋味了！

豆腐人大乱斗

豆腐人大乱斗是一款3D休闲娱乐游戏，画面轻松可爱。12名搞笑的3D卡通豆腐人之间的大乱战，让你觉得风趣幽默，身心愉悦。

每个豆腐人都有着自己鲜活的个性、风趣的对白、独特的武器攻击方式、各式各样的道具和丰富的技能，更有趣的是搞笑的配音，此乃该游戏的最大亮点。快来和可爱又搞笑的豆腐人一起大乱斗吧！

豆腐人大乱斗

价格：0.99美元

大小：22.3 MB

语言：中文

天堂岛高清版
Paradise Island HD
价格：免费
大小：21.3 MB
语言：英语

天堂岛高清版
Paradise Island HD

一打开这个游戏，你绝对会被里面美若仙境的画面所感染！这是一款为所有喜爱阳光和大海的朋友们设计的游戏。现在是时候抛下繁重的工作，做些你喜欢的事情了，快到这个天堂岛上来建立你自己的阳光岛屿吧！有钱的观光者已经来到了这片沙滩，你要在赌场，娱乐中心，餐厅和迪厅招待他们！如果你的时间有限，不用担心，游戏中的人物即使在游戏退出的情况下也会继续他们的生活。

同类游戏推荐

City Story
价格：免费
大小：16.1 MB
语言：英语

物理盒子
TinkerBox

大名鼎鼎的三维绘图与CAD辅助设计软件大厂AutoDesk公司，前不久竟推出了一款针对iPad平台的物理解密游戏——《物理盒子》，画面一流还免费。游戏不仅好玩，寓教于乐的成分也不少。

《物理盒子》完全依照各种物理定律开发，可以让你或你的孩子利用学到的物理知识，创造各种物理谜题。游戏不仅包含解密模式供你闯关，还有独特的自建模式，可以自己创造全新的关卡，尽情的发挥自己的想象力吧！

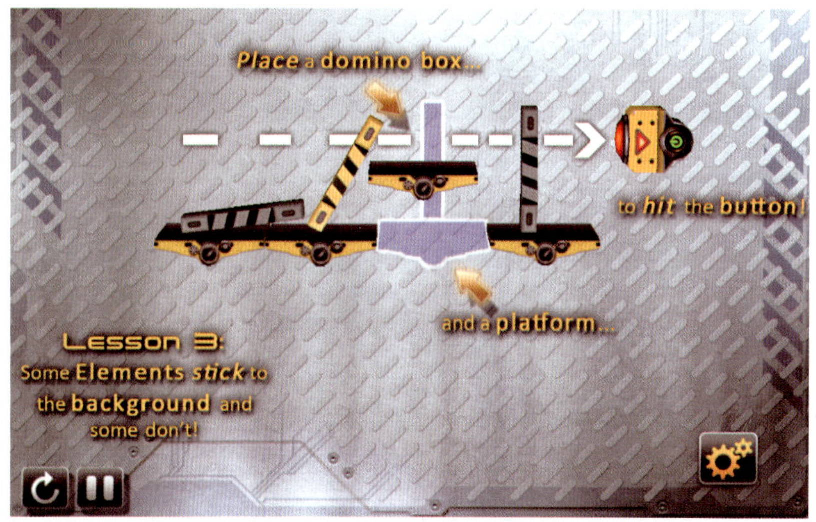

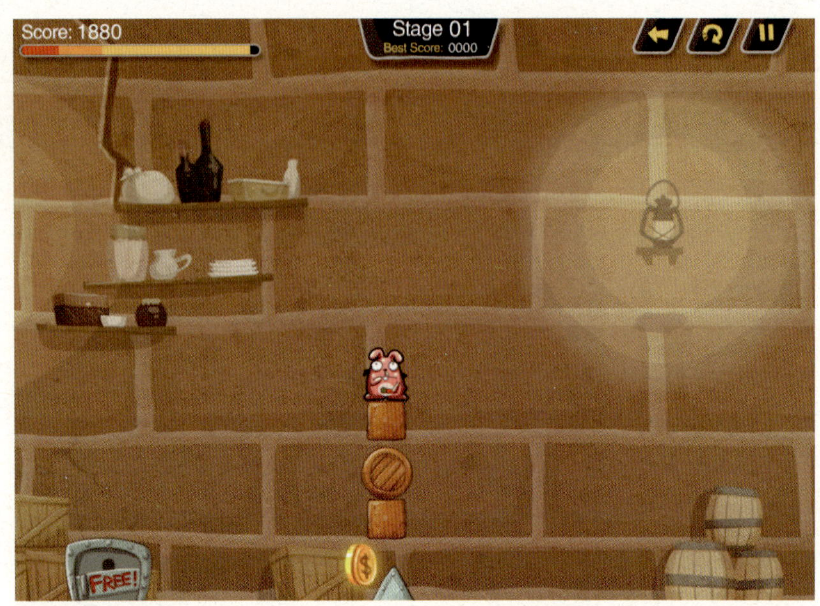

我们是小偷 *We Thieves HD*

我们是小偷
We Thieves HD
价格：3.99美元
大小：15.5 MB
语言：英语

同类游戏推荐

We Thieves HD Lite
价格：免费
大小：16.7 MB
语言：英语

熊猫、兔子等五位拥有高智商和特殊技能的银行大盗，它们是联邦调查局最想抓获的通缉对象，最近它们瞄上了银行里的珠宝，不幸的是，当它们到达那里时，发现等待它们的是警察……

现在需要你这位越狱大师——迈克尔斯科菲尔德指点它们逃出监狱。游戏包含30个关卡，每关都有各种障碍物，如炸弹、陷阱等等，考验你智慧与勇气的时候到了，你会发现中学时学的物理知识在越狱时是多么的管用！

隐藏的数字
Mysteriez

《隐藏的数字》是一款移植版的游戏，在iPad上的表现非常出色。顾名思义，游戏的目标就是从杂乱的画面中找出隐藏的数字，难度很大，不过好在即使找不全也可以继续游戏，等下回玩时就有经验了，不过要想找完所有的数字，不玩个几十上百次是很难达标的，很多时候剩下的最后一两个数字往往能让人抓狂。游戏中包含多个循环替换的游戏场景，虽然可以无止境的进行下去，但令人上瘾的玩法却使人意犹未尽。一款免费游戏具有如此效果可以算是精品之作了，你不妨来轻松地感受一下。

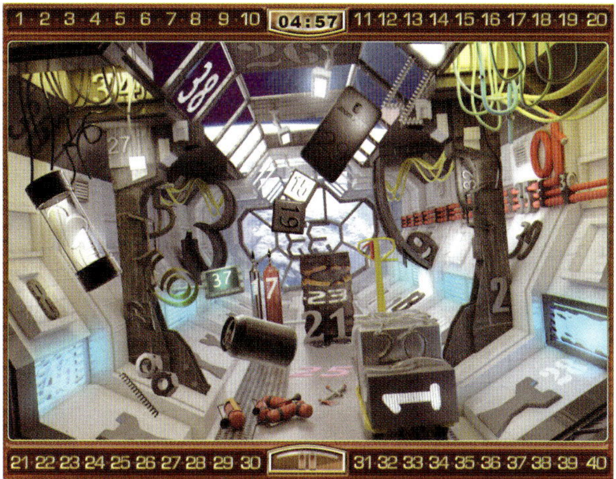

隐藏的数字
Mysteriez
价格：免费
大小：74.2 MB
语言：英语

垂钓之王高清版

价格：4.99美元

大小：198 MB

语言：中文，英语

同类游戏推荐

Bass Fish 3D on the Boat HD Free

价格：免费

大小：11.4 MB

语言：英语

垂钓之王高清版

*App Store*平台最受欢迎的垂钓类游戏，即使你对钓鱼不感兴趣，这款游戏超乎想象的可玩性仍然能让你爱不释手。不论你是经验丰富的渔夫还是钓鱼门外汉，从抛线下竿，到收线起杆，《垂钓之王高清版》都能展现出丰富逼真的动作表现与反应，你不但能够得到最为真实生动的垂钓体验，还可以大幅度提高自己的钓鱼水平哦！你可以在巴哈马群岛上体验海钓，或是享受亚马逊河以及新西兰怀卡托河的异域风情。记住一点，要抓住一只肥美的金枪鱼，你需要的可不止是运气，熟悉各种各样的渔具并选用最适合的，才能抓获你所青睐的品种。游戏如此，现实也是如此。